零基础 学养殖

轻松学养蛋鸡

梁茂文 主编

蛋鸡养殖入门，看这本就够了！

中国农业科学技术出版社

图书在版编目（CIP）数据

轻松学养蛋鸡 / 梁茂文主编 .—北京：中国农业科学技术
出版社，2014.11

ISBN 978-7-5116-1680-7

Ⅰ.①轻… Ⅱ.①梁… Ⅲ.①卵用鸡—饲养管理
Ⅳ.① S831.4

中国版本图书馆 CIP 数据核字（2014）第 113667 号

责任编辑　张国锋
责任校对　贾晓红

出 版 者　中国农业科学技术出版社
　　　　　　北京市中关村南大街 12 号　邮编：100081
电　　话　（010）82106636（编辑室）（010）82109702（发行部）
　　　　　　（010）82109709（读者服务部）
传　　真　（010）82106631
网　　址　http://www.castp.cn
经 销 者　各地新华书店
印 刷 者　北京富泰印刷有限责任公司
开　　本　880mm×1 230mm 1 /32
印　　张　5.625
字　　数　175 千字
版　　次　2014 年 11 月第 1 版　2014 年 11 月第 1 次印刷
定　　价　20.00 元

编写人员名单

主　　编　梁茂文

副 主 编　闫益波　牛晋国

编写人员

王　呈　王富民　田　歌　乔国锋

李建国　李　童　黄学家　李培峰

张变英　陈　泽　赵　敏　赵瑞生

李连任　薛艳蓉　张树华　张翔兵

魏叶堂　武传芝　李世常　李长强

前　言

　　随着国家产业转型的发展，蛋鸡业规模化快速发展，生产周期短，投资获利较快，是资金周转最快的养殖业之一。因此，从事蛋鸡养殖仍然是目前转型投资、农民致富的主要选择方向之一。当下，市面上关于蛋鸡养殖的书籍不少，但缺乏针对文化程度较低，特别是针对初学蛋鸡养殖的特定读者群体的图书。为此，我们编写了《轻松学养蛋鸡》，该书讲述知识，语言浅显，一看就懂；介绍技术，图文并茂，一学就会，读者可以轻轻松松掌握蛋鸡养殖技术。

　　本书将轻松学养蛋鸡的原则贯穿始末，从养蛋鸡入门需要了解的信息、条件，到为了提高蛋鸡养殖效益所应掌握的鸡场建设（设备、设施）、品种选择、孵化育雏、饲料营养、饲养管理、粪污处理、疫病防治等方面的知识和技术进行了系统介绍。全书充分参考了多年来国内外蛋鸡研究领域的相关报道和研究成果，采纳了国内部分蛋鸡养殖场生产管理的实践经验，充分考虑了蛋鸡零基础从业人员的技术需求，既有利于指导初入蛋鸡行业者建场及生产管理，也有利于提升已从事蛋鸡养殖者的实际操作及管理水平，提高养殖户抵御市场风险的能力，增加收入，促进我国蛋鸡产业可持续发展。

　　参加本书编著的人员，多直接从事蛋鸡科研、开发、生产和管理一线的科技工作者，不仅有深厚的专业理论基础，还有丰富的实践经验。在撰写过程中，力求做到通俗易懂，操作性强，内容广泛，同时参阅了大量国内外已公开发行的科技读物和文献资料。但因编写人员多，时间短，水平有限，书中难免有遗漏和错误，望广大读者提出宝贵意见。同时对引用了图片、图表而没有取得联系的国内外作者表示深切的谢意。

编者

2014 年 4 月

目　录

第一章　养鸡新手入门必备知识 ……………………………… 1

　第一节　我国蛋鸡业的现状与前景 ……………………………… 1

　　一、我国蛋鸡产业现状 …………………………………………… 1

　　二、我国农村蛋鸡生产中存在的主要问题 ……………………… 4

　　三、我国蛋鸡产业发展趋势 ……………………………………… 6

　第二节　养鸡的经济效益与风险 ………………………………… 8

　　一、蛋鸡养殖成本效益分析 ……………………………………… 8

　　二、影响蛋鸡养殖经济效益的主要因素 ……………………… 10

　　三、养蛋鸡存在的风险 ………………………………………… 11

　第三节　蛋鸡生产应具备的基本条件 ………………………… 12

　　一、人才与技术 ………………………………………………… 12

　　二、资金与规模 ………………………………………………… 13

　　三、饲料 ………………………………………………………… 14

　　四、场地 ………………………………………………………… 14

　　五、饲养环境与设备 …………………………………………… 15

　第四节　国家对养鸡的优惠政策 ……………………………… 15

　第五节　选择适合自己的经营模式 …………………………… 16

　第六节　养鸡场的建场程序 …………………………………… 16

　　一、确立经营目标 ……………………………………………… 16

　　二、制定生产规划 ……………………………………………… 16

　　三、可行性论证 ………………………………………………… 17

四、开展实质性工作 ································· 17

五、进行模拟投产经济效益预测 ················· 17

第二章　提高蛋鸡场效益的基础措施　18

第一节　标准科学的蛋鸡场建设 ················· 18

一、场址确定与建场要求 ······················· 18

二、场区规划及场内布局 ······················· 19

三、鸡场基础设施建设原则 ····················· 23

第二节　蛋鸡场常用设备 ························· 24

一、蛋鸡场育雏期的常用设备 ················· 24

二、蛋鸡场常用的通风、降温设备 ············· 27

三、蛋鸡场常用的清粪设备 ····················· 28

四、主要饲养和饲料生产设备 ················· 29

第三章　蛋鸡场环境与卫生控制 ··········· 33

第一节　环境对蛋鸡的影响 ····················· 33

一、温度对蛋鸡的影响 ························· 33

二、湿度对蛋鸡的影响 ························· 34

三、光照对蛋鸡的影响 ························· 34

四、噪声对蛋鸡的影响 ························· 35

五、有害气体对蛋鸡的影响 ····················· 36

六、水对蛋鸡的影响 ··························· 37

第二节　蛋鸡场环境控制措施 ··················· 37

一、合理规划鸡场建设 ························· 37

二、加强蛋鸡舍的通风 ························· 38

三、控制鸡舍内的有害因素 ····················· 40

四、保持适宜的饲养密度 ······················· 41

五、搞好鸡舍环境卫生 ························· 41

六、采用先进设备 ····························· 42

七、利用饲料调控技术 ·· 43

第三节　鸡场污物的无害化处理 ···························· 45

　　一、鸡场废弃物与环境污染 ···························· 45

　　二、鸡粪的无害化处理 ···································· 45

　　三、其他废弃物的无害化处理 ························ 47

第四章　蛋鸡品种选择 ······································· 49

第一节　我国常见蛋鸡品种 ································ 49

　　一、褐壳蛋鸡 ··· 49

　　二、白壳蛋鸡 ··· 52

　　三、粉壳蛋鸡 ··· 54

　　四、绿壳蛋鸡 ··· 54

第二节　选择和引进蛋鸡品种注意事项 ············· 55

　　一、适应性 ··· 55

　　二、产蛋量 ··· 55

　　三、饲料报酬 ··· 56

　　四、适当考虑特色 ··· 56

　　五、考虑消费市场需求 ··································· 56

第五章　蛋鸡的饲料与营养 ···························· 57

第一节　蛋鸡常用饲料的营养特点与科学配比 ····· 57

　　一、能量饲料 ··· 57

　　二、蛋白质饲料 ··· 62

　　三、矿物质饲料 ··· 65

　　四、青绿饲料 ··· 67

　　五、维生素饲料 ··· 68

　　六、添加剂饲料 ··· 69

轻
松
学
养
蛋
鸡

第二节　蛋鸡的饲养标准与不同阶段需求…………… 72
　　一、蛋鸡的饲养标准……………………………… 72
　　二、蛋鸡不同阶段对营养的需求………………… 74
　　三、蛋鸡饲料配方实例…………………………… 80

第三节　蛋鸡饲料的选择与使用…………………… 85
　　一、蛋鸡全价料…………………………………… 85
　　二、蛋鸡浓缩饲料………………………………… 85
　　三、蛋鸡预混料…………………………………… 86

第四节　养殖户自配蛋鸡饲料注意事项…………… 87
　　一、日粮配合的概念……………………………… 87
　　二、饲料配方设计的一般原则…………………… 87
　　三、饲料配方设计步骤…………………………… 88

第五节　鸡场饲料管理控制技术…………………… 93
　　一、饲料选购……………………………………… 93
　　二、饲料的运输与贮存…………………………… 94
　　三、饲料的饲喂…………………………………… 95

第六章　蛋鸡饲养管理技术 ………………………… 97

第一节　优质初生雏鸡的选择与培育……………… 97
　　一、了解雏鸡的生理特点与生活习性…………… 97
　　二、做好雏鸡的选择与运输……………………… 97
　　三、育雏前的准备工作…………………………… 100
　　四、采取合适的育雏方式………………………… 101
　　五、掌握雏鸡的培育技术………………………… 103

第二节　育成蛋鸡的饲养管理技术………………… 110
　　一、优质育成母鸡的质量标准要求……………… 110

　　二、提供适宜的环境条件……………………… 111

　　三、育成母鸡的培育技术……………………… 112

　　四、育成鸡的饲养技术………………………… 114

　第三节　产蛋鸡的饲养管理技术………………… 115

　　一、产蛋鸡的饲养方式………………………… 115

　　二、产蛋前期的饲养管理……………………… 116

　　三、产蛋中期的饲养管理……………………… 117

　　四、产蛋后期的饲养管理……………………… 120

　　五、产蛋鸡不同季节的管理要点……………… 120

第七章　鸡病防治基础知识 ………………… 126

　第一节　药物的安全使用………………………… 126

　　一、蛋鸡的常用药物及用药限制……………… 126

　　二、安全使用抗生素…………………………… 130

　　三、消毒药物的选择和使用…………………… 132

　第二节　生物制品的安全和使用………………… 136

　　一、生物制品简介……………………………… 136

　　二、生物制品的分类…………………………… 136

　　三、疫苗在使用中的注意事项………………… 139

　　四、疫苗免疫接种途径的选择………………… 140

　第三节　加强鸡场兽医卫生防疫体系建设……… 144

　　一、鸡场免疫程序的制定……………………… 144

　　二、蛋鸡参考免疫程序………………………… 145

　　三、鸡场应进行的监测………………………… 147

　　四、鸡场兽医防疫体系的建立………………… 148

　第四节　蛋鸡生产中疫病的综合防治措施……… 150

　　一、增强意识，防重于治……………………… 151

二、建立严格的卫生防疫制度 ······················ 152
三、建立严格的消毒制度 ························· 154
四、免疫预防 ····························· 155
五、药物防控 ····························· 155

第八章　蛋鸡常见病防治 ···················· 156

第一节　常见病毒性传染病的防治 ··············· 156
一、新城疫 ······························ 156
二、禽流感 ······························ 157
三、减蛋综合征 ························· 157
四、传染性支气管炎 ······················ 158
五、传染性喉气管炎 ······················ 158
六、禽脑脊髓炎 ························· 159
七、鸡肿头综合征 ······················· 159
八、马立克氏病 ························· 160
九、鸡痘 ·························· 161

第二节　常见细菌性传染病的防治 ··············· 162
一、大肠杆菌病 ························· 162
二、传染性鼻炎 ························· 163

第三节　寄生虫病的防治 ···················· 164
一、球虫病 ······························ 164
二、鸡组织滴虫病 ······················· 165
三、鸡住白细胞原虫病 ··················· 165

附　录 ··························· 167

参考文献 ··························· 168

第一章
养鸡新手入门必备知识

第一节　我国蛋鸡业的现状与前景

现代商品蛋鸡性成熟早，20周龄即可见蛋。饲养管理条件好的情况下，25~26周龄进入产蛋高峰期，90%以上产蛋率可持续数月，年产蛋量可达18千克，是生产周期短、投资获利和资金周转最快的养殖业。鸡蛋营养丰富、价格便宜，是极好的保健食品和大众喜欢的廉价动物蛋白质。当前，随着国家产业转型发展的需要，许多个体经营者、大中专学生创业逐渐向养殖业投资和倾斜，从事蛋鸡养殖仍然是农民致富、转型投资的主要选择方向之一。

一、我国蛋鸡产业现状

（一）养殖数量多，人均占有量大

我国蛋鸡养殖数量占世界蛋鸡饲养总量的40%以上。截至2012年年底，我国共有祖代蛋种鸡企业22家；年可供父母代接近2 000万套，商品代蛋鸡存栏约15亿只，其中产蛋鸡12亿只，居世界首位（中国畜牧业协会的数据）。

人均鸡蛋占有量也居世界前列。据FAO统计，2010年中国鸡蛋产量2 383万吨，人均17.8千克，高于世界人均9.3千克的占有水平，约为美国产量的4.4倍，印度的7倍。2012年人均鸡蛋消费量

达到 19 千克，鸡蛋产量占世界鸡蛋产量的比例达到 43.88%。

从事包括蛋鸡孵化、饲养，雏鸡、淘汰鸡销售，鸡蛋销售、蛋品加工，以及为其服务的饲料、兽药和疫苗、设备制造业等在内的蛋鸡从业人员超过 1 000 万人，2009 年种鸡、蛋鸡、鸡蛋零售、饲料、兽药、疫苗相关产业年产值超过了 3 500 亿元。

（二）养殖成本高，蛋价波动大

鸡蛋价格受雏鸡价格、饲料价格、市场变化、人工成本、疾病、天气等因素的影响较大，由于饲料价格和用人成本等的日益提高，养殖成本也相应增加。2013 年"我国蛋鸡产业经济形势分析"报告指出：仅仅 2012 年蛋鸡行业的人工成本就比 2010 年增长 20%~30%；鸡苗进价在 2006—2012 年年均增长 7.6% 左右；同期蛋鸡养殖防疫费用年均增长 5% 左右。蛋价缓慢增长和快速增长交替出现，2006—2007 年处于快速增长时期，2008—2009 年缓慢增长，其中，2003—2004 年、2006—2007 年两个时段的鸡蛋价格同比增幅最大，分别为 86.9% 和 88.9%。

（三）产业模式仍以小规模大群体为主

依据我国蛋鸡养殖规模结构分布情况，饲养规模大于 10 万只的为机械化养殖；饲养规模 5 000~10 万只的为规模化养殖；饲养规模小于 5 000 只的为养殖合作社或一般养殖户。中国畜牧业协会公布的数据显示，2010 年全国蛋鸡商品代养殖场（户）超过 60 万个，其中饲养规模在 2 000 只以下的有 50 万个左右，占全部养殖场（户）的83%。中国鸡蛋交易网—产业观察 2013 年 9 月报道，2011 年中国规模（年存栏蛋鸡 500 只及以上）以上养殖场蛋鸡存栏量约为 12.7 亿只，占存栏蛋鸡总量的 82%。

（四）标准化，现代化模式正在兴起

标准化规模养殖是我国家禽生产的发展方向，蛋鸡养殖已呈现出由分散的小规模生产向标准化、规模化饲养转变的良好态势，许多地

区已经认识到规范家禽养殖条件和生产过程、实现家禽养殖标准化管理的迫切性和重要性。

湖北省组织推广的蛋鸡"153（一栋鸡舍饲养蛋鸡5 000只以上，实行喂料机、清粪机、湿帘风机三机配套）"标准化养殖模式，到2012年年底，全省共建设"153"模式标准化鸡舍11 322栋，饲养蛋鸡8 000万只，占全省蛋鸡存栏的46%。该模式既提高了蛋鸡的饲养规模，便于"全进全出"，又有利于鸡场疫病防控，取得了以较少的投资使中小规模的蛋鸡场效益最大化的效果。

（五）从成长期向成熟期转变

我国蛋鸡养殖门槛较低，多年来，广大农村以"家庭作坊式"起步，为丰富城乡人民的生活起到了积极作用，也给我国养殖业带来了活力，但是随着中小规模化的蛋鸡养殖场和蛋鸡养殖专业户数量的激增，蛋鸡养殖过程中的问题也逐步显现。为进一步提高蛋鸡养殖效益，使我国传统的蛋鸡养殖适应现代化生产需求，我国政府、专家学者不断探索蛋鸡生产在过渡和转型过程中存在的问题和解决的途径、方法。

从2010年开始，农业部积极推进畜禽养殖标准化示范创建工作，在畜禽场址布局、栏舍建设、生产设施配备、良种选择、投入品使用、卫生防疫、粪污处理等方面制定出畜禽标准化生产的法律法规和相关标准。使符合中国特色的蛋鸡发展之路，正日益从成长走向成熟。图1-1是山西阳泉一标准化鸡场鸡舍。

图1-1 标准化鸡场鸡舍（阳泉）

二、我国农村蛋鸡生产中存在的主要问题

（一）良种本土化低

良种是畜牧业发展的重要物质基础，是提高畜禽养殖效益和产品质量的关键因素。目前，国内饲养的蛋鸡品种主要有国产和引进品种两大类。国产品种市场占有率不足40%，引进品种多，不利于我国蛋鸡业的长期稳定发展和蛋品安全。近年来，国内育种企业不断加快技术进步和基础条件建设，自主蛋鸡品种的市场竞争力大大提升。农业部于2012年12月颁布实施的"全国蛋鸡遗传改良计划（2012—2020年）"，对于保障我国蛋鸡种业安全，满足市场多元化需求，增强我国蛋鸡业可持续发展能力意义重大。尤其是近年育成的"京红1号"、"京粉1号"，使我国蛋鸡自主育种迈上了一个新台阶。

（二）疾病困扰大

因我国蛋鸡业养殖规模化程度较低，以家庭经营为主体，中小规模养殖户普遍缺乏专业的饲养和疾病防治技术，无法有效建立生物安全体系，导致蛋鸡疾病频发。尤其是近年来，全国各地散发的 H_5N_1 和 H_9N_2 等疫情使养禽业蒙受了巨大损失，影响了蛋鸡业的健康发展。

（三）养殖水平参差不齐

我国蛋鸡养殖的从业者，有专业的养殖技术人员，也有受过简单培训、凭经验养殖的普通农户。养殖观念存在差异，养殖技术与管理水平也存在较大差异。资料显示：中小规模养殖模式下平均1人只能管理3 000~4 000只鸡，通常500日龄只平均产蛋260~270枚，蛋鸡死淘率13%~15%，料蛋比约2.5∶1，与先进水平相比，只平均年少产蛋40枚左右，死淘率高7~8个百分点，每生产1千克鲜蛋需要多消耗0.3千克以上的饲料，严重影响蛋鸡养殖效益。

（四）生产性能不高

因饲养管理水平、设备工艺、鸡舍环境控制、疾病防控和饲料原料霉菌污染等原因，造成我国蛋鸡的生产性能（表）与发达国家相比有较大的差异，平均单产水平比发达国家低 1~2 千克。如能达到发达国家性能水平，我国每年可少养蛋鸡近亿只。

表　国内外蛋鸡主要生产性能差异

产蛋性能指标	美国	中国	韩国
年产蛋量（千克）	19	16	18.5
料蛋比	2.2:1	（2.6~2.8）：1	2.38:1
死淘率（%）	10	20~30	12

（五）蛋品加工比例小

我国 90% 以上的鸡蛋作为鲜蛋销售，而国外只占 50%~60%。蛋品深加工企业我国不足 2%。目前，许多大的企业如希望集团、正大集团等都在积极准备并投入高端技术，选中现代化蛋制品加工技术，以占领高端市场。

（六）养殖污染问题大

农村养殖户普遍存在着养殖环境恶劣现状，随着蛋鸡养殖规模的不断扩大，鸡粪处理已成为制约蛋鸡业发展的共性难题。据普查，我国畜禽粪污 COD 排放量占全国总排放量的比例超过 40%。因蛋鸡粪中水分含量较低，灰分等含量较高，常用的堆肥发酵和沼气发酵处理技术在蛋鸡粪便处理上难以有效应用。由于认识和资金上的问题，相当一部分的蛋鸡场未对粪便进行有效处理，直接或间接排入沟河中，给当地百姓的生产生活带来隐患，也严重威胁着蛋鸡业的健康有序发展。

（七）药物残留超标现象严重

由于养殖户质量安全意识不强，养殖技术水平不高、药残检测手段落后等，休药期规定在小规模经营农户中几乎得不到执行，超量、违规用药现象常有发生，造成蛋品药物残留现象严重。

（八）产业化组织水平有待提高

蛋鸡生产属于弱势产业，市场风险与鸡蛋价格波动大，企业和农户抗风险能力差。近年来，蛋鸡业虽然建立了"农户＋经纪人"、"公司＋农户"、"公司＋合作社＋农户"等多种产业化组织形式，但与肉鸡业相比，多数未能建立良好的利益联结机制，组织结构松散，产业链不完整，产业化组织水平有待提高。

三、我国蛋鸡产业发展趋势

（一）标准化规模养殖

养殖户逐渐减少，规模化日益提高是国内外蛋鸡发展的主要趋势，发达国家如美国规模化养殖企业（户）的前60位，产蛋量就占全国总量的60％以上。

标准化规模养殖也是我国蛋鸡产业生产的发展方向。但是，蛋鸡生产规模究竟多大合适，不是所有养殖户都需要每栋8万甚至10万只的水平，要根据自己资金的承受能力、养殖技术、对市场的判断等多种因素决定，机械地套用固定模式不符合实际。但要想取得好的经济效益，既要创造和规范好蛋鸡养殖的条件和生产过程，又要执行好蛋鸡养殖的标准化管理。就我国目前多数鸡场的条件和管理能力而言，未来5万~10万只规模的商品蛋鸡场应成为行业的主体。

（二）健康养殖

健康养殖是依据蛋鸡的生物学及生理学特点，运用科学的理论知识和技术为蛋鸡提供优质、营养、经济、环保型饲料，为蛋鸡营造一个绿色、环保、健康的生产环境，最大限度地发挥蛋鸡的生产潜能，为人类提供优质产品。健康养殖的内容包括蛋鸡的优良品种选择、高效营养型饲料生产与配制、养殖工艺、环境控制、兽医防疫、蛋品质量控制、粪便处理等方面，只有了解并掌握蛋鸡的健康养殖理念，规范整套蛋鸡健康养殖技术，才能确保蛋鸡健康和环境安全以及蛋品质量安全，从而得到消费者的认可。在历经多年快速发展后，我国蛋鸡的总体数量规模已不大可能再进一步增长，甚至在某种程度上还有潜在的过剩产能，要想赢得市场和消费者认可，必须进行蛋鸡健康养殖。

（三）设施养殖

设施养殖是畜禽规模化、集约化、工厂化生产的关键支撑技术，它和畜禽遗传育种技术、饲料营养技术、兽医防疫技术等一起支撑现代畜牧业的发展，是现代畜禽养殖技术发展的重要标志。在畜禽环境工程技术的研究与应用方面，我国专家、学者正在逐步研究、完善一套符合我国国情的舍饲散养、清洁生产、健康养殖技术体系。特别是在设施养殖节能型建筑、节能环境调控技术与装备、废弃物减量化清粪技术、纵向通风结合湿帘降温的抗高温应激调控技术、福利化健康养殖工艺技术等方面基本形成了我国特色和具有自主知识产权的设施养殖工程技术。我国特色的蛋鸡设施养殖模式经过进一步优化和配套后，可望成为促进我国蛋鸡设施养殖产业升级的重要支撑技术体系。图1-2为环境优美的设施养殖蛋鸡场。

图1-2　设施养殖蛋鸡场

（四）协调、高效与平衡发展

近年来，我国祖代蛋种鸡年均引种量在50万~55万套，未来

会控制在 30 万套以内；父母代蛋种鸡年引种量在 1 800 万~1 900 万套，将来会稳定在 1 500 万套以内；商品代蛋鸡养殖规模在 10 亿~12 亿只，未来应该保持在 10 亿只左右。通过各代次之间的协调发展，逐步实现由量到质的转变，使蛋鸡行业朝着健康发展的目标迈进。

（五）重视生物安全、食品安全与环境保护

合理的产业规划和布局、科学的场区规划和标准化建设、规范的检疫措施及落实、投入品检验与控制、病死畜禽和粪污的无害化处理及循环利用，这些关乎生物安全、食品安全和环境保护的措施显得越来越重要，已经成为未来我国蛋鸡产业健康发展的必要条件和重要发展方向。生物安全、食品安全和环境保护在蛋鸡产业发展中将得到空前的重视。

第二节　养鸡的经济效益与风险

一、蛋鸡养殖成本效益分析

（一）蛋鸡的养殖周期

蛋鸡从孵出到最后淘汰出售一般为 18 个月（500 天左右），分两个阶段：前一阶段为育雏—育成期，即从刚孵出的雏鸡到开始产蛋的时期，一般为 0~6 月，共 6 个月时间；后一阶段为产蛋期，即从开始产蛋到最后被淘汰出售的时期，一般为 6~17 月，共 12 个月时间。这是现代蛋鸡品种充分发挥生产潜力、效益最佳时期。

（二）蛋鸡养殖成本

对于一般普通养殖户，蛋鸡养殖成本主要考虑以下几个方面。

1. 雏鸡价格

2. 饲料（饲料成本 = 饲料消耗量 × 饲料价格）

（1）消耗量　生长期（0~6月），平均每只鸡每天消耗饲料约0.06千克，由此推算，每只鸡每月消耗饲料约0.06×30=1.8千克，生长期（6个月）消耗饲料约1.8×6=10.8千克；产蛋期（6~18月）平均每只鸡每天消耗饲料约0.11千克，由此推算，每只鸡每月消耗饲料约0.11×30=3.3千克，产蛋期（12个月）消耗饲料约3.3×12=39.6千克。生长期和产蛋期每只鸡共消耗饲料约10.8+39.6=50.4千克。

（2）饲料费用　饲料费用=50.4千克 × 饲料价格

3. 防疫费

生长期（0~6月），在无重大疫情发生的情况下，生长期6个月每只鸡的防疫费用一般2~3元；产蛋期（6~18月），每只鸡1~2元。因此，一只鸡一个养殖周期防疫费用合计3~5元。

4. 水、电费

平均每只鸡一个养殖周期（18个月）水电费用约1~2元。

5. 总成本合计（未计人工成本）

在不计人工成本的前提下，蛋鸡养殖总成本 = 雏鸡费 + 饲料费 + 防疫费 + 水电费

（三）蛋鸡养殖收益

1. 鸡蛋收入（蛋价 × 产蛋量）

平均每只蛋鸡在一个养殖周期内（18个月）产蛋17~18千克。

2. 淘汰鸡收入

蛋鸡在18个月后，即产蛋1年后一般都要淘汰出售。淘汰鸡平均毛重约2千克。淘汰鸡平均售价 = 淘汰鸡平均毛重 × 淘汰鸡毛重平均价格。

3. 鸡粪收入

根据有关数据推算，平均每300只鸡每个月产鸡粪1米^3，即每只鸡每月产粪量约1/300米^3，每只鸡一个养殖周期的鸡粪收入=

1/300 米^3× 鸡粪单价。

4.总收益合计

总收益合计 = 鸡蛋收入 + 淘汰鸡收入 + 鸡粪收入

一只蛋鸡收入 = 总收益合计 – 总成本合计

盈亏平衡 =（总成本 – 淘汰鸡收入 – 鸡粪收入）÷ 产蛋量

二、影响蛋鸡养殖经济效益的主要因素

（一）品种

优质品种，具有生长速度快、死亡率低、饲料利用率高、产蛋能力强，商品代雏鸡可以根据羽毛颜色鉴别雌雄等的特点。一般年产蛋17~18 千克，为其体重的 10 倍。目前，国内较受养鸡场（户）欢迎的良种品系有罗曼、海兰、伊萨、京白等。各地的气候条件不同，环境不一，不同品种鸡在不同地区表现各异。因此，在选购良种时，应当选择当地饲养量大，生产表现好的鸡种；最好从有一定饲养规模、饲养管理条件好的场家选购雏鸡。同时，对购进的雏鸡，要根据周龄进行科学育雏，精心培育，及时淘汰剔除发育不良的劣质鸡、低产鸡和病弱鸡。相同的饲养面积内，饲养白壳蛋鸡数比褐壳蛋鸡多 25%，效益相对要好。因此，根据具体情况，选择品种。

（二）饲料

饲料占蛋鸡养殖成本的 70% 以上。数据表明：因饲料添加过多造成浪费的占 5%~6%，饲槽设计安装不科学浪费饲料的占10%~12%，鼠、雀和虫食约占 7%，鸡采食流失占 5% 左右，减少饲料浪费是养殖业降本增效的有效措施。采用优质饲料可保证鸡获得全面均衡的营养，使料蛋比达（2.3~2.4）：1；喂料少给勤添，严防剩余饲料发霉变质；及时淘汰不良个体，利用预混料或浓缩料自配饲料既省运费，又可保证质量，都是降低饲料成本的方法。

（三）成活率

育雏成活率是蛋鸡高产稳产的前提，掌握育雏技术、精心做好育雏期间的各项工作是蛋鸡生产中的关键环节，也是提高蛋鸡养殖经济效益的重要保障。

（四）行情

密切关注市场行情，广大养殖户应善于通过报刊、广播、网络等手段，及时掌握鸡蛋、饲料、雏鸡价格波动情况，把握好每一个增收节支的机会，为更好地调整蛋鸡生产奠定基础。

（五）其他

科学管理，精心饲养，品牌运作，特色饲养，减少疾病，降低药费，都是增加蛋鸡养殖经济效益的措施。

三、养蛋鸡存在的风险

（一）蛋鸡生产和供需矛盾的周期性

根据蛋鸡自身固有的生理特性及市场对产品需求的变化，蛋鸡生产的周期为1.5年，无论是蛋种鸡，还是商品蛋鸡均需半年左右的育雏、育成和1年左右的产蛋期。进入产蛋期后蛋重和产蛋量逐步增加，产蛋量再由高转向低。因蛋鸡生产的周期性，易发生蛋鸡价格的波动，价格的波动反过来影响蛋鸡生产，一般三年出现一次低谷。

（二）蛋鸡生产的不稳定性

随着鸡蛋市场由过去的卖方市场变为买方市场（供大于求），消费者对产品质量的要求越来越高。加上饲料的污染及传染疾病的袭击使蛋鸡生产受到严重的影响，鸡的疾病和死亡、淘汰率也高于规模化养鸡的初始阶段。目前，死淘率超过20%，而设备简陋、管理粗放、

疾病控制差的鸡群已高达40%。鸡蛋作为保质期短的产品，其价格并不能随饲料价格的上涨而成比例地上浮，生产每千克鸡蛋的饲料、人工、防疫等成本也相应增高。由于以上各种原因，当前经营养鸡业比过去风险增大，利润率下降，已进入微利阶段；若经营管理不好，还可能赔钱；遇有大的疫情会导致鸡场停产，甚至破产。

（三）蛋鸡生产的季节性

按照我国的传统，许多养殖户都选择春天育雏，秋季开始产蛋，造成生产比较集中；每年中秋、春节往往是一年中鸡蛋价格最好的时期。只有在养殖过程中提高水平，使雏鸡的成活率和成年鸡的产蛋量处于相对优势，才能抵御市场波动。

（四）鸡抗病能力差

初养鸡者不要认为只要是鸡谁都可以养，实际上鸡的疾病较多，尤其在高度集约化的养殖条件下，在环境日益污染严重的状况下，许多疾病如禽流感、鸡新城疫等层出不穷。尤其是雏鸡，对温度、湿度等环境条件要求高，管理不到位，往往造成成活率降低。

第三节　蛋鸡生产应具备的基本条件

一、人才与技术

人才是行业发展最重要的要素，从事养鸡或者创办蛋鸡场更是如此。

（一）对人才的要求

1.热爱养鸡、勇于吃苦

既要热爱养殖，重视动物福利，还应该具有不怕脏、不怕累的精神。

2. 养殖理念强、接受知识快

面对变幻莫测的市场，能够及时调整心态，时刻准备探索、学习新知识、新技术。

3. 经营灵活、科学管理

要有敏捷的思维、灵活的头脑，善于思考，勤于总结，不断提高科学管理水平。

（二）对技术的要求

掌握包括蛋鸡的品种选育、场址的选择、饲养环境控制、优质饲料生产、科学管理、疫病防治、加工流通、鸡场管理等方面的养殖技术，用丰富的理论知识指导具体的养殖实践。初养鸡者更要多看一些蛋鸡养殖方面的教学视频和书籍，多与一些养鸡户交流，多参加一些养殖培训，通过实践，积累经验，为确保养鸡成功和提高效益打下良好基础。

二、资金与规模

养殖户要根据自身的经济实力、当地资源、消费水平、市场环境和抗风险能力，掌握好蛋鸡饲养的适度规模。对于新手养鸡，假如有空闲的房子，但没有任何养鸡设备和设施，而且手上资金又不充足，建议饲养周期比较短、投资相对较少的品种。如果资金充足，但现成设备不充足，可考虑规模养鸡。如果资金非常充足，且具备了一定的固定设施投入，这时可选择的余地就比较多。

至于养殖规模，对于养殖新手来讲，规模太小影响养殖和经营效益，但是，规模太大又受到养殖技术、疾病防疫、鸡场管理、鸡蛋销售等许多因素的影响，也会造成很多风险。所以，要酌情考虑。资料显示，一个现代化鸡场，每饲养 1 只成年母鸡所需要的基建设施及附属设备的投资，因饲养规模的大小、标准化与自动化程度的高低而有较大差异，一般 120~150 元。可见，现代化养鸡场的投入较大。对于普通养殖户，饲养 1 只蛋鸡，前期主要投入有雏鸡费、育雏至开产的饲料费、防疫费、笼位费和少量的周转金等，每只母鸡需 25~35

元（不含房舍、人工）。产出和利润则随饲养管理和经营水平而异。管理水平高，市场行情好、责任心强的赢利可能性较大；经营管理一般和市场行情不好时，产蛋期消耗的饲料费与出售鸡蛋的收入大致相抵，其利润仅是淘汰母鸡的价值。评估蛋鸡养殖盈利与否的方法，可以用料蛋比衡量，若能把料蛋比控制在（2.3~2.4）：1，就有可能盈利。总之，从事蛋鸡生产，要根据场区大小和资金实力，制定合理的饲养计划，既不要造成固定资产的闲置浪费，也不能贪求过大的饲养规模。规模设计在很大程度上受土地、资金等资源和条件的限制，不能违背客观条件而盲目发展。

三、饲料

饲料是蛋鸡养殖的基础，占整个养鸡费用的 70% 以上。初建场时，有的养殖户出于饲料的安全、可靠，也有建饲料场等辅助设施的，其实不然，一般人的资金不充足，如果建饲料场的话，必然占据不少流动资金，从而减少和挤占建设鸡场的资金。目前，一些专业的大型饲料场生产的配合饲料营养丰富、质量安全可靠，养殖场、户使用方便，需要多少饲料就订多少，而且不需要饲料原材料资金，值得考虑。应选用质量过关且价格合理的全价配合饲料或预混料，不要仅仅为了降低饲养成本，采购劣质饲料，影响鸡群的产蛋性能和增加鸡群的死亡。

四、场地

根据具体情况，如鸡的品种、工厂化程度和饲料供应等具体情况进行综合考虑，选择适宜笼养、圈养、散养的方式。一般来讲，养殖规模越大，其占地面积相对就越少。

鸡场占地面积一般按每只产蛋鸡 0.25~0.55 米^2 计算，生活管理用房面积按每只产蛋鸡 0.02~0.03 米^2 计算；建筑覆盖率按 30%~40% 计算。我国目前规定的畜牧场用地标准为 1 万只家禽占地面积为 4 万~4.67 万米^2，2 万只 7 万~8 万米^2，3 万只 10 万~12 万米^2。为了节省面积，采用三或四层阶梯笼养工艺，可有效地节约土地。

五、饲养环境与设备

饲养环境是保持鸡群健康、发挥蛋鸡生产性能的基础。与农户普通半开放式鸡舍相比，一个具有先进的饲养设备、生产工艺、标准化密闭式鸡舍的鸡场，72周龄平均只鸡产蛋量增加2~3千克，疫苗、兽药费用降低0.5~1元，产蛋期死淘率降低3~5个百分点，全程耗料降低2~3千克。由此可见，饲养环境在充分发挥鸡群生产性能方面的作用越来越大。

总之，初养鸡者或计划新办养鸡场，首先应根据自身条件，明确建场的性质和任务，确定饲养规模；然后选择好场址及鸡舍设备和用具。选择时既要考虑满足鸡生理特点的需要，使其迅速生长和提高生产力，又要考虑经久耐用，便于饲养管理，提高工作效率。

第四节　国家对养鸡的优惠政策

为促进蛋鸡的健康发展，多年来，国家对养鸡制定出许多优惠政策，主要体现在以下几个方面。

①建立祖代蛋种鸡补贴制度。

②将蛋鸡新品种配套系选育纳入国家科技支撑计划，支持企业和科研院校积极开展蛋鸡新品种培育相关研发工作。

③对存栏达到一定规模的蛋鸡养殖场（户）经标准化改造达标的给予适当补贴，积极支持规模化蛋鸡养殖场（户）沼气池建设。

④建立蛋鸡生产动态监测体系，及时发布蛋鸡生产和市场信息，加强产需衔接，引导养殖场（户）科学安排生产。

⑤加强科技指导，强化对养殖户的培训，开展先进适用技术和相关标准的示范推广，努力提高蛋鸡生产水平和养殖效益。

⑥切实加强防疫工作，继续安排好禽流感强制免疫疫苗费和强制扑杀补偿费，对基层动物防疫工作给予经费补助。

⑦发展鸡蛋现代流通方式，扶持和培育专业化的鸡蛋加工和物

流企业，继续实施鲜活农产品"绿色通道"政策。

⑧ 加大对蛋鸡养殖的信贷支持力度，积极满足合理贷款需求，完善养鸡保险产品，扩大养鸡保险业务覆盖面。

总之，各地情况不一，养殖场（户）可以向当地畜牧部门具体咨询。

第五节　选择适合自己的经营模式

新时期的蛋鸡养殖户要因人而异、因时而变，改变传统观念，确立"健康养殖、特色养殖"概念，与社会大环境相适应，按照规模化、标准化、特色化、安全化标准选择养殖模式。

目前，自繁自养、合同生产、加入专业合作社等都是比较常见的养殖经营模式，要根据自身条件合理选择。初养鸡者可以采取自繁自养方式，通过少量养殖，逐步摸索经验，等条件成熟后再扩大经营。

第六节　养鸡场的建场程序

一、确立经营目标

筹建一座机械化养鸡场首先应确立经营目标，是种鸡场还是商品鸡场，规模多大，饲料是自己加工还是全部外购，是否有可靠的原料供应和商品的销售渠道等，这都要求做出正确的产前决策。决策失误或经营目标失当，必将导致建场后的经营困难以致无法维持。所以经营目标的确定，必须深思熟虑，广泛调查，因地因时，合理确定。

二、制定生产规划

主要考虑鸡的存栏（出栏）量，每批鸡的雏鸡数量与各类鸡舍的容量相匹配，育雏期、育成期、产蛋期、鸡舍环境控制，资金如何周

转等。充分利用房舍、设备、人员，降低成本，提高效益。

三、可行性论证

聘请有建场经验，从事养鸡工作的专业技术人员实地考察，对确立的经营目标和生产规划进行可行性论证，然后依据可行性分析报告拟定建场的实施方案。

四、开展实质性工作

场址选择，鸡场整体布局和规划设计，确定生产工艺流程，根据规模大小计算各类鸡舍合理比例，开始施工。

五、进行模拟投产经济效益预测

主要包括概算总投资、概算总收益、计算预测投资回收期及利润率。

第二章
提高蛋鸡场效益的基础措施

第一节　标准科学的蛋鸡场建设

现阶段蛋鸡场的规模按大、中、小3种类型划分。饲养规模在10万只以上的为大型，1万~10万只的为中型，0.1万~1万只的为小型蛋鸡场。

一、场址确定与建场要求

选择鸡场的场址时，应具备下列条件：地势高燥，背风向阳，地下水位2米以下，地面平坦或稍有坡度（≤25°），沙质土壤，通风良好，水源和电力充足，并远离居民区与其他养禽场。

（一）地形地势

蛋鸡场应建在地势高燥向阳的地方，远离沼泽湖洼，避开山坳谷底，通风良好，南向或偏东南向。地面平坦或稍有坡度，排水便利。地形开阔整齐，利于建筑物布局和建立防护设施。

（二）水源水质

水源充足，水质良好，能满足生产、生活和消防需要，各项指标参考生活饮用水要求。注意避免地面污水下渗污染水源。

（三）电源

三相电源，供电稳定，最好有双路供电条件或自备发电机。

（四）交通

交通便利，能保证货物的正常运输，但应远离交通主干线。距交通干道不少于1千米，距一般公路50米以上，距居民区500米以上。

（五）气候环境

场区所在地有较详细的气象资料，便于设计和组织生产。环境安静，具备绿化、美化条件。无噪声干扰或干扰轻，无污染（图2-1）。

图2-1 环境安静、绿化好的鸡场

（六）卫生防疫

场址应远离居民区，有足够的卫生防疫间隔。不能建在禽类屠宰厂、禽产品加工厂、化工厂等容易造成环境污染企业的下风向和污水流经处、货物运输道路必经处或附近。场址选择应遵守社会公共卫生准则，其污物、污水不得成为周围社会环境的污染源。

二、场区规划及场内布局

鸡场主要分生活管理区、生产区及隔离区等。场地规划时主要考虑人、鸡卫生防疫和工作方便，根据场地地势和当地全年主风向，顺序安排以上各区。对鸡场进行总平面布置时，主要考虑卫生防疫和工艺流程两大因素。场前区中的职工生活区应设在全场的上风向和地势较高地段，依次为生产技术管理区。生产区设在这些区的下风向和较低处，但应高于隔离区，并在其上风向（图2-2）。

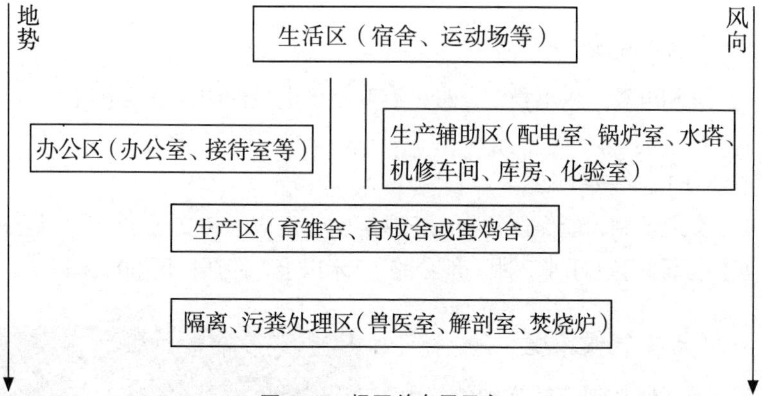

地势	生活区（宿舍、运动场等）	风向

办公区（办公室、接待室等）　生产辅助区（配电室、锅炉室、水塔、机修车间、库房、化验室）

生产区（育雏舍、育成舍或蛋鸡舍）

隔离、污粪处理区（兽医室、解剖室、焚烧炉）

图2-2　场区总布局示意

（一）生活管理区

包括行政和技术办公室、饲料加工及料库、车库、杂品库、更衣消毒和洗澡间、配电房、水塔、职工宿舍、食堂等，是担负鸡场经营管理和对外联系的场区，应设在与外界联系方便的位置。大门前设车辆消毒池，两侧设门卫和消毒更衣室（图2-3）。

鸡场的供销运输与外界联系

图2-3　出入口舍车辆消毒池

频繁，容易传播疾病，故场外运输应严格与场内运输分开。负责场外运输的车辆严禁进入生产区，其车棚、车库也应设在场前区。

场前区、生产区应加以隔离。外来人员最好限于在场前区活动，不得随意进入生产区。

（二）生产区

1. 整体布局

包括各种鸡舍，是鸡场的核心。因此其规划、布局应给予全面、细致的研究。

综合性鸡场最好将各种年龄或用途的鸡各自设立分场，分场之间留有一定的防疫距离，还可用树林形成隔离带，各个分场实行全进全出制。专业性鸡场的鸡群单一，鸡舍功能只有一种，管理简单，技术要求一致，生产过程也易于实现机械化。

为保证防疫安全，无论是专业性养鸡场还是综合性养鸡场，鸡舍的布局应根据主风方向与地势，按下列顺序设置：孵化室、幼雏舍、中雏舍、后备鸡舍、成鸡舍。也就是孵化室在上风向，成鸡舍在下风向。这样能使幼雏舍得到新鲜的空气，减少发病机会，同时也能避免由成鸡舍排出的污浊空气造成疫病传播。

孵化室与场外联系较多，宜建在靠近场前区的入口处，大型鸡场可单设孵化场，设在整个养鸡场专用道路的入口处，小型鸡场也应在孵化室周围设围墙或隔离绿化带。

育雏区或育雏分场与成年鸡区应隔一定的距离，防止交叉感染。综合性鸡场两群雏鸡舍功能和设备场相同时，可在同一区域内培育，做到整进整出。由于种雏和商品雏繁育代次不同，必须分群分养，以保证鸡群的质量。

综合性鸡场种鸡群和商品鸡群应分区饲养，种鸡区应放在防疫上的最优位置，两个小区中的育雏育成鸡舍又优于成年鸡的位置，而且育雏育成鸡舍与成年鸡舍的间距要大于本群鸡舍的间距，并设沟、渠、墙或绿化带等隔离障。

各小区内的饲养管理人员、运输车辆、设备和使用工具要严格控制，防止互串。各小区间既要求联系方便，又要求有防疫隔离。

2. 鸡舍布局

（1）鸡舍的排列　现代化鸡舍分为2种：推荐3 000~5 000只饲养规模使用半开放式鸡舍，5 000只以上使用密闭式鸡舍。单舍存栏超过3 000只时，推荐使用双坡式屋顶（图2-4），有

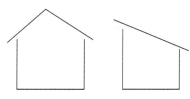

图2-4　双坡式、单坡式鸡舍

利于屋面受力和舍内通风，脊高一般 1~1.5 米。

鸡舍排列的合理性关系到场区小气候、鸡舍的采光、通风、建筑物之间的联系、道路和管线铺设的长短、场地的利用率等。鸡舍群一般采取横向成排（东西）、纵向呈列（南北）的行列式，即各鸡舍应平行整齐呈梳状排列，不能相交。鸡舍群的排列要根据场地形状、鸡舍的数量和每幢鸡舍的长度，酌情布置为单列、双列或多列式。生产区最好按方形或近似方形布置，应尽量避免狭长形布置，以避免饲料、粪污运输距离加大，饲养管理工作联系不便，道路、管线加长，建场投资增加。

鸡舍群按标准的行列式排列与地形地势、气候条件、鸡舍朝向选择等发生矛盾时，也可将鸡舍左右、上下错开排列，但要注意平行的原则，避免各鸡舍相互交错。当鸡舍长轴必须与夏季主风向垂直时，上风行鸡舍与下风行鸡舍应左右错开呈"品"字形排列，这就等于加大了鸡舍间距，有利于鸡舍的通风；若鸡舍长轴与夏季主风方向所成角度较小时，左右列应前后错开，即顺气流方向逐列后错一定距离，也有利于通风。

（2）鸡舍的朝向 要根据地理位置、气候环境等来确定，适宜的朝向应满足鸡舍日照、温度和通风的要求。在我国，鸡舍应采取南向或稍偏西南或偏东南为宜，冬季利于防寒保温，夏季利于防暑。这种朝向需要人工补充光照，需要注意遮光，如加长出檐、窗面涂暗等减少光照强度。如同时考虑地形、主风向以及其他条件，可以作一些朝向上的调整，向东或向西偏转 15° 配置，南方地区从防暑考虑，以向东偏转为好；北方地区朝向偏转的自由度可稍大。

（3）鸡舍间距 育雏育成鸡舍间距 10~20 米，蛋鸡舍 10~15 米。

3. 鸡场内道路

鸡场道路分净道和污道 2 种，清洁道作为场内运输饲料、鸡群和鸡蛋之用；污道运输粪便、死鸡和病鸡，二者不得交叉使用（图 2-5）。

图 2-5　不同鸡场内的净道和污道

（三）隔离区

隔离区是鸡场病鸡、粪便等污物集中的区域，是防疫和环境保护工作的重点，该区应设在全场的主导风向最下和地势最低处，且与其他两区（场前区和生产区）间距在 50 米以上。设计贮粪场所时要考虑鸡粪便于由鸡舍、鸡场运出。病鸡隔离饲养的鸡舍原则上要与外界隔绝，四周应有天然的或人工的隔离屏障（如围墙、地沟、栅栏或者林带等），以防止疾病向外界传播。同时设单独的通路与出入口，以便病死鸡外运。处理病死鸡的尸坑或焚尸炉等设施，应距离鸡舍 300~500 米，且更应严密隔离。

三、鸡场基础设施建设原则

（一）场区工程设计原则

场区与外界要划分明确；场内不同区域及大门入口处设立消毒池，车辆消毒池长为通过最大车辆长度的 1.3~1.5 倍，深 30~50 厘米。

（二）道路工程设计原则

场内道路：设计时要考虑运输和防疫的要求。要求净污分开，互不交叉，排水性好，路面质量要好。有条件时道路推荐使用混凝土结构，厚度 15~18 厘米，道路与建筑物距离 2~4 米。场外道路：路面最小宽度为两辆中型车顺利错车，为 4~8 米。

（三）给排水工程设计原则

生产和生活废水采用地埋管道排出；雨水排泄要根据场内地势设计排水路线，达到下雨不积水、污水流畅的原则。

（四）供电工程设计原则

就近选择电源，变压器的功率应满足场内最大用电负荷，使用电压为 220 伏 /380 伏。机械化程度较高的鸡场，必须配置备用发电机。

（五）供暖工程设计原则

中小型养鸡场采用分散供暖方式，大型规模化养鸡场采用集中供暖方式。不管采用哪种模式供暖，必须要保证育雏、育成阶段的温度需要和稳定。

（六）粪污处理设计原则

鸡日排粪量为日采食量的 70%~80%。粪污处理包括储粪场、运输管道及鸡粪处理等建筑布局。

第二节　蛋鸡场常用设备

一、蛋鸡场育雏期的常用设备

（一）育雏笼

1. 叠层电热育雏器

分为加热育雏笼、保温育雏笼、雏鸡活动笼三部分。各部分之间独立，可组合，如在温度高或采用全室加温的地方可专门使用雏鸡活动笼；在温度较低的情况下，可减少雏鸡活动笼组数，而增加加热和保温育雏笼。通常情况下多采用一组加热育雏笼、一组保温笼和五组活动笼，可育蛋雏（1~7周）800只，并配备喂料槽44个和加温槽4个。

2.育雏育成笼

在两段制饲养工艺中，可作为一段育雏，一段育成。一般选择耐用和不易腐蚀的热镀锌鸡笼。1~50日龄在育雏笼内饲养，0~3周龄饲养密度不超过50~60只/米^2；4~6周龄饲养密度不超过20~30只/米^2。1~30日龄饲养密度为50~55只/米^2，每组育雏笼可饲养240只雏鸡，30~50日龄饲养密度25~40只/米^2，每组育雏笼可饲养140只，饲养2 250只蛋鸡需要育雏笼17组（图2-6）。

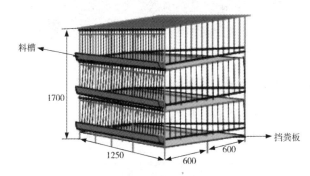

图2-6　蛋鸡育雏笼（单位：毫米）

（二）保温伞

直径为2米的保温伞可养鸡300~500只。保温伞育雏时要求室温24℃以上，伞下距地面高度5厘米处温度35℃，雏鸡可以在伞下自由出入。该法一般用于平面垫料育雏（图2-7）。

图2-7　育雏时期的保温

（三）远红外线加热器

安装远红外线加热器时，应将黑褐色涂层向下，离地2米高，用铁丝或圆钢、角钢之类固定。8块500瓦远红外线板可供5米²育雏室加热。最好是在远红外线板之间安上一个小风扇，使室内温度均匀，这种加热法耗电量较大，但育雏效果较好（图2-8）。

图2-8　远红外线加热器

（四）煤炉、火炕、锅炉等

只要能保证达到所需温度，因地制宜地采取供暖设备均可行（图2-9）。烟道供温和煤炉供温，要注意防火，防漏气。

（1）火道供温　　　　（2）锅炉供温　　　　（3）煤炉供温

图2-9　育雏期的其他供暖设备

二、蛋鸡场常用的通风、降温设备

可以将鸡舍内的污浊空气、湿气和多余的热量排出，同时补充新鲜空气。主要包括风机、湿帘等。

（一）湿帘

风通过湿帘进入鸡舍时降低了一些温度，从而起到降温的效果。湿帘降温系统由纸质波纹多孔湿帘、湿帘冷风机、水循环系统及控制装置组成。夏季空气经过湿帘进入鸡舍，可降低舍内温度 5~8℃（图 2-10）。

图 2-10　鸡舍的湿帘

（二）风机

多数鸡舍须采用机械通风来解决换气和夏季降温等问题，通风机械普遍采用的是风机和风扇。现在一般鸡舍通风多采用大直径、低转速的轴流风机。通风方式分送气式和排气式两种：送气式通风是用通风机向鸡舍内强行送入新鲜空气，使鸡舍内形成正压，排走污浊空气；排气式通风是用通风机将鸡舍内的污浊空气强行抽出，使鸡舍内形成负压，新鲜空气由进气孔进入。风机布置原则：安装在污道一侧的墙或就近的两侧纵墙上；高度距地平面 0.4~0.5 米或中心高于饲养层；进风口一般与鸡舍横断面积大致相等或为排风面积的 2 倍（图 2-11）。

图 2-11　鸡舍的风机

三、蛋鸡场常用的清粪设备

鸡舍内的清粪方式有人工和机械清粪两种。机械清粪主要有：刮板式、输送带式和螺旋横向式清粪器（图 2-12）。刮板式清粪器置于鸡笼下方粪沟内，电机驱动绞盘通过钢丝绳牵引刮粪器，刮粪板紧贴地面把粪沟内的鸡粪由始点刮到终点。由于所用钢丝绳常与粪便接触，极易腐蚀，故多采用高压聚乙烯塑料包裹钢丝绳，提高了耐腐蚀能力，延长了使用寿命。输送带式清粪器常用于叠层式鸡笼，每层鸡笼下面均安装一条输粪带，承接下落的鸡粪，定时启动输送带把带上鸡粪送往鸡笼一端，由刮粪板刮入横向清粪机中，再送至舍外。

图 2-12　蛋鸡场的清粪设备

养鸡场的鸡舍建设，考虑清粪时，应该按照方便、减少鸡舍有害气体和防疫 3 个角度进行设计。鸡舍过道宽度为 100~120 厘米，粪沟深度：100 米鸡舍不低于 50 厘米，1.5‰坡度。

小型鸡场一般采用人工定期清粪，中型以上鸡场多采用自动刮粪机。

四、主要饲养和饲料生产设备

（一）贮料塔

贮料塔是自动喂料系统必不可少的一部分，可以一栋鸡舍一个，也可以两栋鸡舍共用一个（图2-13）。

图2-13　鸡场的贮料塔

（二）产蛋鸡笼

蛋鸡50日龄后在产蛋鸡笼内饲养，饲养密度为25~30只/米^2，饲养2 250只蛋鸡需产蛋鸡笼25组（图2-14和图2-15）。每只鸡应有11厘米的采食宽度。

图2-14　自动蛋鸡笼

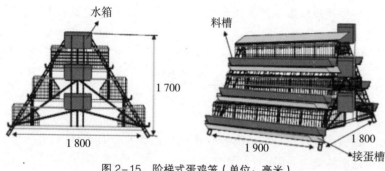

图 2-15　阶梯式蛋鸡笼（单位：毫米）

（三）自动喂料系统

　　主要有链式和塞盘式给料机两种。链式给料机是我国常用的一种供料机，平养、笼养均可使用，由料箱、链环、驱动器、转角轮、长形食槽等组成，有的还装有饲料清洁器；塞盘式给料机为平养鸡舍设计，适于输送干粉全价饲料，由传动装置、料箱、输送部件、食槽、转角器、支架等部件组成（图 2-16）。

图 2-16　蛋鸡的自动喂料系统

（四）主要的集蛋设备

　　集蛋设备主要有捡蛋车、空中有轨蛋车和自动化集蛋装置。捡蛋车是笼养蛋鸡舍内人工捡蛋的运输工具，适用于走道宽度超过 0.6 米的鸡舍，使用方便、轻巧。空中有轨蛋车适合于网上平养蛋鸡舍，这种蛋车上方是一滑动轮，可沿鸡舍上方的导轨移动，下部为一平台，人工捡蛋时可装运蛋箱或蛋托，该车运行平稳，可降低破蛋度，减轻人工劳动强度。9DC-4500 集蛋装置是与三层阶梯笼养产蛋鸡笼相配套使用的设备，升降蛋器采用辊式结构，运转平稳、噪声小、工作可靠，使用本装置能完成纵向、横向集蛋工作（图2-17），可比人工从蛋槽里捡蛋提高工效3~4倍，并且可降低破蛋率。

图2-17　集蛋设备与捡蛋

（五）主要的饲料生产设备

小型饲料加工机组，即由粉碎机、搅拌机组合在一起的机型，大型饲料加工机组即由粉碎机、搅拌机以及计量装置、传送装置、微机系统等组合在仪器的系统机组（图2-18、图2-19）。

图2-18　小型饲料加工机组　　　图2-19　中型饲料加工机组

（六）饮水设备

育雏期使用真空式饮水器（前2周，图2-20）。

图 2-20　育雏期使用的真空式饮水器

育成和蛋鸡使用乳头式自动饮水器（图 2-21）。上水处需要安装过滤器，机头安装减压阀（或水箱），确保水管水有一定压力。饮水管乳头安装在两个相邻的笼隔网处顶部，利于两笼鸡都能饮到水。

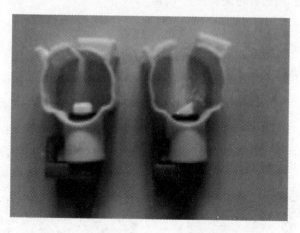

图 2-21　乳头式自动饮水器

第三章
蛋鸡场环境与卫生控制

第一节　环境对蛋鸡的影响

　　饲养蛋鸡成败的关键是能否为其创造一个有利于快速生长和舒适产蛋的生活环境，了解主要环境因素对蛋鸡的影响，采取防范措施是养好蛋鸡的重要环节。

一、温度对蛋鸡的影响

　　环境温度对蛋鸡生产影响较大，直接影响到蛋鸡的健康、繁殖、育雏、采食量、产蛋量等，是蛋鸡的重要环境因素之一。不同日龄、生理阶段蛋鸡对环境温度的要求不同见（表3-1）。蛋鸡最佳的产蛋温度是20℃左右，一般饲养管理条件下，鸡产蛋最适宜的温度为13~23℃，最好不低于5℃，不高于30℃，13~25℃范围内不会影响产蛋性能；13℃以下每降低1℃，产蛋率将下降1.5%；25℃以上会使蛋重下降。产蛋母鸡难以忍受30℃以上的持续高温，当环境温度上升到35℃以上时，热应激导致其采食量和产蛋率明显下降，蛋重变小，蛋壳变薄，破蛋率增加。因此蛋鸡夏季要注意降温，冬季要加强保温，以保持鸡舍适宜的温度，从而达到节省饲料和维持高产目的。

表 3-1　不同生长阶段蛋鸡对环境温度的要求

生长阶段	鸡舍温度（℃）			育雏温度（℃）
	最佳	最高	最低	
1~4 周龄	22	27	10	育雏温度 32~35，第 4
育成鸡	18	27	10	周降至 21
产蛋鸡	24~27	30	4	

二、湿度对蛋鸡的影响

空气湿度对鸡的健康和生长、对鸡的生理调节和疾病防治都有重要作用。湿度过高，高温下会对鸡只热平衡产生不利影响，表现为食欲差、生长慢；低温下则失热和耗料增加，影响饲料利用率。湿度过大还易诱发球虫病及曲霉菌病，导致空气中的有害气体浓度增加；湿度小，空气尘埃及鸡脱落的绒毛泛起，极易导致鸡呼吸道疾病。

一般鸡舍内的湿度早期宜控制在 60%~70%，后期 50%~60%。雏鸡阶段尤其是前 3 天，由于雏鸡在运至鸡舍之前可能已失去很多水分，环境干燥特别容易引起雏鸡脱水。雏鸡的适宜湿度范围为：0~10 日龄 80%，11~15 日龄 70%~75%，16~20 日龄 65%，以后保持在 50%~55%，成鸡舍应控制在 50%~75% 为宜。有试验表明：第一周保持舍内较高的湿度可提高育雏成活率 50%。前期过于干燥，雏鸡饮水过多，也会影响鸡正常的消化吸收。控制鸡舍内湿度常用的方法是：如果湿度过大加强通风；湿度过低实行带鸡消毒。同时，考虑温度情况，使得鸡舍内温度、湿度都处于最理想水平。

三、光照对蛋鸡的影响

鸡对光线非常敏感，光照时间的长短、光照强度的大小对鸡的产蛋性能都有较大的影响。蛋鸡在不同的生长阶段，都有相应的光照时间和光照强度要求。10 周龄以前的小鸡，其生殖系统对光照不太敏感，为方便管理，最初几天光照可以适当延长。以后可利用自然光照。10~20 周龄的小鸡，生殖系统对光照逐渐敏感，为防止早熟，保证达到标准体重，要严格控制光照，必须恒定在一个标准之内。

20周龄的小鸡要逐渐延长光照时间，以刺激性腺发育，为适时开产做准备。对未达标准体重的鸡群可推后1~2周增加光照。光照对产蛋鸡影响最大，光照时间过长、过强，直接影响其产蛋，还会发生啄癖现象；光照时间过短，过弱，同样产蛋不佳。

适宜的光照强度为：雏鸡2~3周龄以前10~20勒，以后为10勒。通常灯高2米、每0.37米²1瓦，可得到相当于10勒的照度。育成期光照强度为5勒，产蛋鸡和种鸡光照强度可保持在10勒，笼养蛋鸡照度应提高一些，一般按3.3~3.5瓦/米²计算。

光照时间的控制，生产中多采用雏鸡培育期缩短光照，而在产蛋期间增加光照的制度。一般是雏鸡出壳后3~7天，每天照23.5~24小时；以后逐渐缩短到8~9小时，一直到18~20周龄；以后每周增加0.5~1小时，直至达到14~16小时的光照，其后保持光照不变。

密闭式鸡舍因全部采用人工照明，因而光照时间容易控制。开放式和半开放式鸡舍的光照控制就稍微复杂一些。由于鸡舍墙面受太阳照射，对鸡舍的温热环境有较大的影响。冬季日照时间短，太阳斜射；夏季则日照时间长且太阳直射。各个地区由于所处地理位置和所在纬度不同，冬季的太阳高度角有别，所以在出檐长短上要因地、因鸡舍而异。在光照安排上也相应采取冬季多利用日照，夏季则避免直射。

四、噪声对蛋鸡的影响

随着现代工业发展，噪声对人类、环境的污染日益严重，对养鸡场和鸡也不例外。同时，养鸡生产集约化、工业化程度的提高也在产生噪声并且污染自身、污染环境。所以，噪声对鸡体健康和生产性能

表 3-2　噪声对蛋鸡生产性能的影响

组别	对照组	试验组	备注
平均产蛋率（%）	82.9	78.0	噪声强度为110~120
平均蛋重（克）	52.4	51.0	分贝，每天72~166
软壳蛋率（%）	0	1.9	次，连续2月
血斑蛋发生率（%）	3.1	4.6	

也有很大的影响（表3-2）。国内外有关研究显示，噪声超标对鸡群主要产生两方面的负面影响：一方面，噪音导致产蛋率和蛋品质下降、破蛋率增加；另一方面，致鸡群生长发育缓慢、肉质下降，情绪不稳定。

目前，对于鸡舍噪声的控制水平国内尚未制定统一标准，一般以噪声水平不超过80分贝比较有利于鸡群的正常生长。

五、有害气体对蛋鸡的影响

养鸡场和鸡舍空气中的有害气体种类繁多，其中最常见和危害较大的有氨、硫化氢、一氧化碳和二氧化碳。

鸡舍中的氨气主要由含氮有机物腐败分解而来，特别是温热、潮湿、饲养密度大、垫料长时间不清理、通风不良等情况均会使其浓度升高。鸡对氨气特别敏感。鸡舍中氨气的浓度应控制在15毫克/米^{3}以下。高浓度的氨不仅严重危害鸡群，还会刺激饲养人员的眼结膜，产生灼痛和流泪，并引起咳嗽，严重者可致眼结膜炎、支气管炎和肺炎等。

硫化氢是一种无色有臭鸡蛋味的气体，主要来自于含硫有机物的分解、破蛋腐烂，鸡消化不良时也易产生大量硫化氢。因该气体比重大，所以地面附近浓度较高。硫化氢气体毒性强，易被黏膜吸收，造成眼炎、气管炎、肺炎、胃肠炎等，能使鸡食欲减退，出现神经质等。鸡舍内硫化氢的含量应控制在10毫克/米^{3}以下。

二氧化碳本身并无毒性，但其含量可以间接表明鸡舍空气的污浊程度或通风换气情况，当二氧化碳含量增加时，其他有害气体的含量也可能增高。因此，为安全起见，鸡舍空气中二氧化碳浓度应以0.15%为限。

一氧化碳对鸡的危害较大，雏鸡在含0.2%的一氧化碳环境中2~3小时，可中毒死亡。空气中一氧化碳超过3%就可使鸡急性中毒死亡。

所以，加强鸡舍的舍内通风管理、及时清除鸡粪、不使鸡粪发酵、加强用水管理等，是控制和预防有害气体大量产生的有效措施。

六、水对蛋鸡的影响

水参与机体的整个代谢过程，它对调节体温、养分的运转、消化、吸收和废物的排除具有其他物质不可替代的作用，正常鸡蛋的含水量达70%以上。充足的饮水是保证鸡体健康、提高蛋鸡生产性能的重要条件。水对养鸡生产十分重要，缺水的后果往往比缺料还严重，雏鸡供水量为采食干饲料量的2~2.5倍，产蛋鸡为1.5~2倍。气温对鸡的饮水量有较大影响，鸡在气温达32℃时，其饮水量增加1倍，在37.8℃中需水量几乎是21℃适温时的3倍，增加的水量绝大部分用于蒸发散热。每只鸡每天需饮水220~380毫升，饮水不足，鸡采食量减少，影响正常生长发育，且降低2%左右的产蛋率，水质不良也能导致产蛋率和蛋重下降。因此，蛋鸡养殖应及时供给符合饮用水标准的充足清洁的饮水，最好是长流水。

尤其在夏季，管理上要注意不要使水温过高，如不能让阳光直射水管或水槽，以防水槽或水管温度过高影响鸡只的饮水量，从而影响生产性能。

第二节　蛋鸡场环境控制措施

利用建筑设施、环境调控及饲料调制技术为蛋鸡养殖创造比较适宜的生活环境，是提高蛋鸡养殖效益与优良蛋品的重要基础。

一、合理规划鸡场建设

修建蛋鸡场时，一要选择地势高燥、向阳、远离公路和工矿企业的地方建场，应从人、鸡的保健出发，并按照便于卫生防疫的要求，合理安排各区域的位置，顺着主导风向和地形坡向依次安排职工生活区、生产管理区、蛋鸡饲养区、兽医卫生及粪污处理区。

建筑物之间应尽量紧凑配置，缩短运输、供电、供水线路；鸡舍排列要整齐平行，4栋以内可一行排列，4栋以上应两行排列。为了防止传染病的传播和达到防火的要求，各建筑物之间应保持30米以上的间距，每排鸡舍应设一个贮粪场（池），位于鸡舍远端的一侧。

我国目前的鸡舍建筑类型主要有开放式、半开放式和密闭式鸡舍。开放式鸡舍长30~60米，密闭式鸡舍长70~80米为宜。鸡舍的跨度应按照鸡笼的宽度，设计鸡笼列数来计算，走道宽为0.8~1.2米，一般按三列四走道设计。加强鸡舍外围护结构的隔热设计和保温性能，夏季以减少太阳辐射及外界气温对鸡舍的影响，冬季防止室内热量的散失。

合理的鸡场绿化，既可以改善场区小气候，还能够通过树木、牧草等绿色植物（图3-1）的光合作用吸收二氧化碳，放出氧气，达到净化空气、吸尘灭菌、保护环境的作用。

图3-1　鸡场的绿化

二、加强蛋鸡舍的通风

通风是衡量鸡舍环境好坏的第一要素，鸡舍通风的目的在于换气、匀气、排湿、升温、降温、散热等。鸡舍内只有通风良好，才能保证鸡群的体质健康和正常生产。

舍内良好的通风功能的衡量标准主要为3个指标，即气流速度、换气量和有害气体含量。鸡舍内通风换气量的计算应按夏季最大需要量计算，每千克体重平均为4~5米^3/小时，鸡舍周围气流速度为1~1.5米/秒。有害气体最大允许量：氨气15毫克/米^3，硫化氢10毫克/米^{3}以下，二氧化碳0.15%。

鸡舍通风方式主要有自然通风和人工通风两种。

（一）自然通风

主要针对于开放式、半开放式鸡舍，由于鸡舍前后有窗户，通过鸡舍外围护结构的开口和缝隙形成空气交换，不需机械动力，依靠自然界的热压，产生空气流动，使舍内的空气与舍外自然更换。自然通风的鸡舍需要在向阳背风面下设出气口，或在鸡舍顶部设出气口（图3-2）。下通气口按"风斗"的做法，舍内开口

图3-2　鸡舍风帽通风

在下部，舍外开口在上部，换气通路形成"S"状。屋顶出气孔上应设风帽，下设调节板。"S"状通路和出气管下口调节板均为防止冷风倒灌。

（二）人工通风

即机械通风，主要针对密闭式鸡舍，是利用机械采用正压或负压的方式进行通风换气的方法。正压通风也叫送风，一般在进行空气的加热、冷却、过滤处理时采用。负压通风又称拉风，主要是靠通风系统将舍内污浊的空气抽出舍外，由于舍内空气被抽走，压力相对小于舍外，新鲜空气则从进气口进入舍内。这种方式在生产中最为常用，投资少，管理费用低。现在大都采用纵向负压通风，即在鸡舍一端的墙壁上安装风机向外抽气，在另一端墙壁上设置进气口，向舍内进风。其中进气口是可以调节的进气窗，也可以是通长的条缝进气口。

图3-3　鸡舍排气扇通风

其优点是室内气流分布均匀，也适合于老鸡舍改建。但是进气口的开度大小调节比较复杂，需要较高的管理技术。而当鸡舍长度超过100米时，也可以把排气扇（图3-3）集中布置在鸡舍中部。夏季应尽量提高鸡舍内的气流速度，增大通风量；冬季鸡体周围的气流速度以0.1~0.2米/秒为宜，最高不超过0.35米/秒。

冬季的通风换气与舍温的维持往往有些矛盾，只有鸡舍内有足够的热量，才能在冬季维持正常的自然通风换气，鸡群才不会因为换气而使舍温下降，造成鸡的应激，诱发呼吸道疾病。冬季鸡舍还要注意防止贼风，贼风对鸡的危害较大，能使鸡体局部受冷，造成局部冻伤、关节炎、肌肉炎、神经炎、感冒，甚至肺炎、瘫痪等疾病。防止贼风的措施是：在入冬前要及时修缮堵严屋顶墙壁、门窗的一切缝隙，防止进风口的风直接吹向鸡体。还要处理好通风与保温的关系，在通风的时候，可在进风口的墙壁设置火墙或用暖风机向里送热风等。

三、控制鸡舍内的有害因素

鸡舍内的有害因素主要是有害气体、微生物、灰尘和噪声等。鸡舍内的微生物比大气中要多，微生物的主要危害是引起鸡病，引起饲料和垫草等的发霉变质，鸡舍空气中微生物的含量不应高于25万个/米^3。鸡舍内的灰尘主要来源于外面大气带入和舍内产生，其主要危害是与微生物等混合在一起，引起皮炎、结膜炎、呼吸系统疾病和过敏症等。消除鸡舍内有害因素的措施：一是及时清除粪便，对鸡舍进行定期清扫、冲洗、消毒，减少有害气体的来源；二是舍内鸡粪的湿度应控制在30%以内，保持舍内空气和四壁的干燥；排粪沟撒上一些生石灰、草木灰等，也可降低鸡舍内湿度；三是铺设垫草保温防潮，吸附一定的有害气体，在鸡粪上撒上一定的吸附剂，如过磷酸钙，10克/只鸡，可有效地降低舍内氨气的浓度，饲料中添加丝兰属提取物、沸石等，也可减少舍内氨浓度和臭味；四是保证舍内通风换气良好，及时排出有害气体，通风设备选择噪声小的产品；五是鸡群周转采用全进全出制，日常饲养人员管理操作时，动作要轻、稳，避免引起刺耳或者突然的响声，饲料加工、畜产品加工等车间要远离鸡舍；六是鸡场周围种植防护林，场内空地多种植树木、牧草、作物或花卉。严禁在鸡舍周围燃放鞭炮。

四、保持适宜的饲养密度

鸡舍内蛋鸡饲养密度与鸡舍环境有密切的关系，它对鸡舍内的温度、湿度状况，光照、通风效果，以及鸡舍内空气中的微粒、微生物（细菌、真菌、病毒）等的数量都有影响，鸡饲养密度是鸡群环境卫生的一项重要指标。

平养鸡舍中，密度过大会使水槽、食槽的分布密度相应加大，分层布放水槽、食槽的地方鸡群密集，饲养面潮湿，鸡体污染机会多，羽毛松乱，鸡群相互梳羽，遇有破伤口会造成互啄，增高死亡率。由于鸡群活动、跳跃，空气中灰尘多，各种微生物附着在尘埃上，随空气流动，传播污染。故鸡舍饲养密度大的鸡群容易染病，造成生长、发育不好，大批量死亡，密度大也容易造成舍内通风不良。

饲养密度的确定取决于饲养方式，也可以按鸡群转群前的体重确定，鸡只随日龄的增加，体重增加快，如4周龄的肉鸡比初生雏鸡体重增加19倍，8周龄时可达48倍。

成年蛋鸡笼养密度与鸡笼的类型、笼具布置及鸡笼层数有关。叠层笼的饲养密度最大，半阶梯或混合笼的饲养密度次之，全阶梯与平置饲养笼的密度则较小，故笼养鸡饲养密度变化幅度较大。表3-3是育雏、育成蛋鸡平养时的饲养密度。

表3-3　育雏育成平养蛋鸡饲养密度

鸡的种类	育雏		育成	
	占地（米²）	密度（只/米²）	占地（米²）	密度（只/米²）
轻型蛋鸡	0.07	14.3	0.12	9
中型蛋鸡	0.08	12.7	0.15	8

五、搞好鸡舍环境卫生

建立严格的鸡舍环境卫生消毒制度，空鸡舍采取"一扫、二冲、三喷、四熏"的程序进行。鸡全部出栏后，首先将舍内的粪便、饲料、残渣、尘土等清扫出舍，为下一步的化学消毒创造良好的条件。水冲的目的是将清扫剩余的残留污物冲去以进一步净化鸡舍，提高消毒效果。一般用高压水流冲洗，对黏着牢固的污物洗刷、清除彻底。用消毒液冲洗更好，不仅冲掉了污物，还起到了消毒的作用。喷雾消毒的目的是将污物清除后的鸡舍进一步消毒，一般用高压喷雾器进行，利用喷雾消毒可对墙壁、地面、顶棚等进行更好的消毒，用喷雾消毒最好密闭鸡舍。经过"一扫、二冲、三喷"处理后，鸡舍内的病原微生物已基本清除，最后进行甲醛熏蒸消毒，消毒剂量为每立方米体积用福尔马林 28 毫升、高锰酸钾 14 克、加水 14 毫升。如果鸡舍有致病性葡萄球菌污染的话，剂量可以加大到每立方米体积用福尔马林 42 毫升、高锰酸钾 21 克、加水 21 毫升熏蒸。1~2 天后打开门窗，通风晾干鸡舍。

六、采用先进设备

鸡舍内应配备相应的调温、调湿、通风等设备，配备喂料、饮水、清粪以及除尘、光照等装置。选择采用养鸡先进设备时，要根据具体情况决定，比如鸡舍通风设备的选择，要根据鸡舍结构、取暖方式、最大饲养规模、最小通风量、过渡通风以及水帘通风等综合考虑。当鸡舍长度大于 80 米，跨度大于 10 米时，应采用纵向式通风，这样，既优化了鸡舍通风设计的合理性，降低了安装成本，也可获得较理想的通风效果。纵向式通风是将风机安装在蛋鸡舍的一侧山墙上，在风机的对面山墙或对面山墙的两侧墙壁上设立进风口，使新鲜空气在负压作用下，穿进鸡舍的纵径排出舍外。排风扇长 1.25~1.40 米，排风机的扇面应与墙面成 100° 角，可增加 10% 的通风效率，空气流速为 2.0~2.2 米／秒，两台风机的间距 2.5~3.0 米。在高温时节，为使鸡舍有效降温，通常需在进风口安装湿帘，即湿帘降温。鸡舍纵向式通风系统具有设计安装简单、成本较低、通风和降温效果良好等优点，在当代养鸡生产上已广为采用。

目前，国内许多厂家生产的保温鸡舍（图3-4）有开敞式、有窗式、密闭式等。开敞式保温鸡舍考虑到遮阳、挡雨，适宜于气候温暖地区；有窗式保温鸡舍基本上利用自然通风，也可辅以机械通风，开窗面积既要保证换气，又要防止热辐射；密闭式保温鸡舍有良好的保温隔热性能，由人工控制舍内温度、空气、光照，以便为鸡群创造适宜的生长环境，最大限度地发挥其生产效能。保温鸡舍采用面层材料，表面光滑，便于冲洗和消毒，加上鸡粪清除及时等，有利于鸡舍防疫和鸡群的疾病防控。先进的鸡舍保温板具有良好的通风、保温、隔热和耐高温、耐酸碱、耐腐蚀、安装便捷、价格低廉等特点，改善了蛋鸡的生存环境。

图3-4 保温鸡舍

七、利用饲料调控技术

确定蛋鸡的精确化营养需要，通过开发新型低排放量饲料以提高日粮营养素利用率和减少粪、尿、臭气排放。

（一）减少粪便排泄总量

通过提高饲料养分消化率有助于减少粪便的排泄。研究表明，饲料的微粒化或添加酶制剂可减少禽粪尿的排泄量。预混合饲料中添加的酶制剂，如植酸酶、纤维素酶、半纤维素酶、果胶酶、β-甘露聚糖酶、木聚糖酶、淀粉酶等，均能提高碳水化合物和矿物元素的利用率，从而增加营养物质的消化吸收，减少粪便排泄。

（二）减少氮排泄量

氨基酸平衡的低蛋白日粮，能维持较高的生产性能，显著减轻粪氮排泄。研究表明，在理想蛋白模式下，日粮粗蛋白水平由17%降至15%，可改善料蛋比、减少粪氮排放，不影响蛋鸡生产性能、二氧化碳和甲烷的排放。低能量浓度（11.00兆焦/千克），16.0%~17.0%蛋白日粮，不利于蛋鸡生产性能及降低氮和甲烷排放。

（三）减少磷排泄量

磷的大量排出会造成严重的水体富营养化和土壤污染。增加磷的利用率，降低动物对磷的排出，最有效的方法就是降低饲料无机磷添加，添加植酸酶。研究表明，在有效磷水平为0.18%（低磷）日粮中添加300微克/千克植酸酶，能满足蛋鸡对磷的生产需要。植酸酶的添加可取代部分磷酸盐，应根据被取代磷酸盐的数量及其含钙量，弥补相应石粉的用量。

（四）粪臭味的营养调控

在饲料加工方面，可通过膨化、制粒等工艺提高饲料的利用率。向饲料中添加酶制剂、酸化剂、益生素等，可在一定程度上改善禽舍被粪臭味污染的状况。植酸酶可显著提高磷的利用率，减少磷的排放，改善禽舍粪臭味。蛋白酶可促进日粮中蛋白质的降解利用，减少饲料中含氮物质的排放，从而降低禽舍氨气浓度。酸化剂能调控肠道菌群平衡，延缓胃排空速度，提高蛋白质、磷和干物质消化率，降低氨气和二氧化硫。饲料中添加益生素或益生元，促进肠道有益微生物的生长，抑制有害微生物的生长，改善肠道菌群平衡，促进营养物质利用，可减少粪中有害气体的排出。研究表明，饲料中添加植物提取物，如樟科植物提取物，可减少氨气和硫化氢的排出。此外，吸附性物质，如膨润土、活性炭等，表面积大，吸附能力强，可达到除臭的目的。

第三节　鸡场污物的无害化处理

一、鸡场废弃物与环境污染

鸡场废弃物主要通过病原体、有害物质、好氧物质和恶臭等污染环境。病原体包括细菌、病毒、真菌和寄生虫，主要来源是病死鸡、粪尿、羽毛和内脏等。有害物质以硝酸盐、致病菌和细菌毒素等为主，极易随地表径流和地下水污染饮水。养殖场恶臭味的主要成分是氨、甲硫醇、硫化氢、硫化甲基、苯乙烯、乙醛等。这些臭气主要来源于粪尿、病死鸡等废弃物处理不及时而出现的不完全氧化。臭气浓度过高，不但会影响周边居民的生活环境，也会影响到禽舍内的空气质量，使动物的生产性能出现一定程度的下降。

二、鸡粪的无害化处理

（一）肥料化处理

由于鸡粪便中含有丰富的氮、磷、钾及微量元素等植物生长所需要的营养物质及纤维素、半纤维素、木质素等，是植物生长的优质有机肥。处理方法主要有以下 3 种。

1.高温堆肥

鸡粪中含有大量未消化吸收的营养物质，为了提高堆肥的肥效价值，堆肥过程中可以根据粪便的特点及植物对营养素的要求，拌入一定量的无机肥，使各种添加物经过堆肥处理后变成易被植物吸收和利用的有机复合肥。

2.干燥处理

利用燃料加热、太阳能或风力等，对粪便脱水，使粪便快速干燥，以保持粪便养分，除去臭味，杀死病原微生物和寄生虫。干燥处理粪便主要的方式有微波干燥、笼舍内干燥、大棚发酵干燥、发酵罐干燥等。目前，干燥处理方式成本较高，且干燥过程中会产生明显的臭气，因此在我国较少采用，尚处于探索阶段。

3. 药物处理

在急需用肥的时节，或在传染病或寄生虫病严重流行的地区，为了快速杀灭粪便中的病原微生物和寄生虫卵，可采用化学药物消毒、灭虫、灭卵。药物处理中常用的药物有：尿素，添加量为粪便的1%；敌百虫，添加量为10毫克/千克；碳酸氢铵，添加量为0.4%；硝酸铵，添加量为1%。

（二）能源化处理

利用鸡粪生产沼气主要是利用受控的厌氧细菌的分解作用，将粪便中的有机物经过厌氧消化作用，转化为沼气。将沼气作为燃料是禽畜粪便能源化的最佳途径。鸡粪在厌氧环境中，在适宜的温度、湿度、酸碱度、碳氮比、水分等条件下，通过厌氧微生物发酵作用产生以甲烷为主的可燃气体。其优点是无需通气，也不需要翻堆，能耗省、维护费低。通过厌氧微生物处理可去除大量可溶性有机物，杀死传染性病原菌，有利于减少传染性疾病和提高生物安全性。沼气生产中的沼渣、沼液可以通过科学手段综合利用。其中发酵原料或产物可以产生优质肥料，沼气发酵液可作为农作物生长所需的营养添加剂。目前，国内一些沼气发酵项目已经可以在冬季低温条件下运行，从而实现养殖场废弃物的全天候和全年度发酵处理。

（三）饲料化处理

粪便适当地投入到水体中，有利于水中藻类的生长和繁殖，使水体能保持良好的鱼类生长环境。但要注意控制好水体的富营养化，避免使水中的溶解氧耗竭。水体中放养的鱼类应以滤食性鱼类（如鲢、鳙、罗非鱼）和杂食性鱼类（草鱼、蝙鱼）为主。在粪便的施用上应以腐熟后为宜，直接把未经腐熟的粪便施于水体常会使水体耗氧过度，使水产动物缺氧而死。

三、其他废弃物的无害化处理

鸡场的废弃物除粪尿外，还有病死禽，屠宰后产生的内脏、血、孵化废弃物和废水等。这些废弃物的处理同样关系到养鸡业对环境的影响及养殖场自身的防疫、卫生、安全。

（一）病死鸡的无害化处理

1. 深坑掩埋

建造用水泥板或砖块砌成的专用深坑。美国典型的禽用深坑长2.5~3.6米、宽1.2~1.8米、深1.2~1.48米。深坑建好后，要用土在其上方堆出一个0.6~1米高的小坡，使雨水向四周流走，并防止重压。地表最好种上草。深坑盖采用加压水泥板，板上留出两个圆孔，套上PVC管，使坑内部与外界相连。平时管口用牢固、不透水、可揭开的顶冒盖住。使用时通过管道向坑内扔死禽。

2. 焚烧处理

以煤或油为燃料，在高温焚烧炉内将病死鸡烧成灰烬。

3. 饲料化处理

死鸡本身蛋白质含量高，营养丰富。如果在彻底杀灭病原体的前提下，对死禽作饲料化处理，则可获得优质的蛋白质饲料。如利用蒸煮干燥机处理死禽，通过高温高压先灭菌处理，然后干燥、粉碎，可获得粗蛋白达60%的肉骨粉。

4. 肥料化处理

堆肥的基本原理与粪便的处理相同。通过堆肥发酵处理，可以消灭病菌和寄生虫，且不污染地下水和周围环境。

（二）孵化废弃物的处理和利用

鸡蛋在孵化过程中也有大量的废弃物产生。第一次验蛋时可挑出部分未受精蛋（白蛋）和少量早死胚胎（血蛋）。出雏扫盘后的残留物以蛋壳为主，有部分中后期死亡的胚胎（毛蛋），这些构成了孵化场废弃物。

孵化废弃物经高温消毒、干燥处理后，可制成粉状饲料加以利

用。由于孵化废弃物中有大量蛋壳，故其钙含量高，在 17%~36%。生产表明，孵化废弃物加工料在生产鸡日粮中可替代 6% 的肉骨粉或豆粕，在蛋鸡料中则可替代 16%。

（三）垫料废弃物的处理和利用

随着鸡饲养数量增加，需要处理的垫料也越来越多。国外有对鸡垫料重复利用的成熟经验。鸡垫料在舍内堆肥，产生的热量杀死病原微生物，通过翻耙排除氨气和硫化氢等有害气体，处理后的垫料再重复利用，对鸡增重和存活率无显著影响。该技术可以降低生产成本，减少养殖场废弃物处理量。

（四）废水的无害化处理

1. 废水的前处理

一般用物理的方法，针对废水中的大颗粒物质或易沉降的物质，采用固液分离技术处理。

2. 化学处理

通过向污水中加入某些化学物质，利用化学反应分离、回收污水中的污染物质。处理的对象主要是污水中溶解性或胶体性污染物。常用的方法有混凝法、化学沉淀法、中和法、氧化还原法等。

3. 微生物处理

根据微生物对氧的需求情况，废水的微生物处理法分为好氧生物、厌氧生物和自然生物处理法。

废水中的有机污染物多种多样，为达到处理要求，往往需要通过几种方法和几个处理单元组成的系统综合处理。

养鸡场粪污的排放要符合《集约化畜禽养殖业污染物排放标准》。养鸡场粪便处理不好，不但臭气难闻，而且也易滋生苍蝇；采用干清粪工艺；单独设置贮粪场，并距各类功能地表水体，特别是饮用水水源 400 米以上；贮存设施应不渗水，还要防止雨水的进入和流出，防止对周围环境的污染。粪便可加入一定的微生物进行高温发酵处理，制成高效生物肥料，也可进行沼气发酵，综合利用。

第四章
蛋鸡品种选择

第一节　我国常见蛋鸡品种

从事蛋鸡养殖，选择蛋鸡品种尤其重要。有关学者评价了各种因素在畜牧生产中的贡献，其中品种占45%，营养与饲料占30%，环境与保健占25%。由此可见，品种在畜牧生产中是最重要的因素，因此，在蛋鸡养殖生产中，应结合蛋鸡品种的特点，选择性能比较好的品种进行饲养，以创造更多的经济效益。

一、褐壳蛋鸡

褐壳蛋鸡的优点是：蛋大、破损率低，适于运输和保存（图4-1）；鸡性情温顺，抗应激，好管理；商品代小公鸡生长快；耐寒性好，冬季产蛋率平稳；啄癖少，死亡、淘汰率较低；能通过羽色自别雌雄；笼养平养都能适应。

图4-1　褐壳鸡蛋

其缺点是：体重较大，耗料高，占笼面积大，耐热性差；对饲养技术的要求比白壳蛋鸡高，蛋中血斑、肉斑率高，感观差。鸡白痢感染率较高，在饲养环境较差时比白鸡难养。

（一）海兰褐

海兰褐由美国海兰公司培育，该品种适合我国各个地方饲养，具有育雏成活率高、饲料报酬高、产蛋多等特点（图4-2）。

商品代生产性能：18周龄成活率96%~98%，体重1.50~1.65千克，80周龄产蛋数为344枚（表4-1）。

图4-2　海兰褐蛋鸡

表4-1　海兰褐商品蛋鸡主要生产性能

生产性能	指标
生长期成活率（17周）	97%
生长期体重	1.41千克
生长期饲料消耗	5.62千克
50%产蛋率天数	140天
高峰产蛋率	94%~96%
80周龄入舍鸡产蛋数	354~361枚
80周龄入舍鸡产蛋重	22.0千克
平均日消耗饲料（18~80周）	107克/只
饲料转化率（20~60周）	1.99千克饲料/千克蛋
70周龄体重	1.97千克

（二）伊萨褐

伊萨褐是由法国伊萨公司培育的一个蛋鸡高产品种，该品种母鸡羽毛为褐色带有少量白斑，体型中等，耐病性强，在我国各地均有饲养（图4-3）。

商品代伊萨褐蛋鸡入舍母鸡产蛋量为308枚，高峰期产蛋率为92%（表4-2）。

图4-3　伊萨褐商品蛋鸡

表4-2　伊萨褐商品蛋鸡主要生产性能

生产性能	指标
生长期成活率（17周）	96%
生长期体重	1.47千克
生长期饲料消耗	6.0千克
50%产蛋率天数	145天
高峰产蛋率	92%~96%
80周龄入舍鸡产蛋数	355枚
80周龄入舍鸡产蛋重	23.2千克
平均日消耗饲料（18~80周）	109克/只
饲料转化率（20~60周）	1.96千克饲料/千克蛋
70周龄体重	1.94千克

（三）罗曼褐

罗曼褐壳蛋鸡由德国罗曼公司培育，具有适应性强、耗料少，成活率、产蛋率高等优点，而且耐热、安静，在我国各个地区均有饲养（图4-4）。

图4-4　罗曼褐壳蛋鸡

罗曼商品代蛋鸡主要生产性能（表4-3）：18周龄成活率高达98%，产蛋期成活率为94.6%。

表4-3　罗曼褐壳商品蛋鸡主要生产性能

生产性能	指标
生长期成活率（17周）	98%
生长期体重	1.44千克
生长期饲料消耗	5.70~5.80千克
50%产蛋率天数	145~150天
高峰产蛋率	92%~94%
80周龄入舍鸡产蛋数	354枚
80周龄入舍鸡产蛋重	22.6千克
平均日消耗饲料（18~80周）	112克/只
饲料转化率（20~60周）	2.0~2.2千克饲料/千克蛋
70周龄体重	2.25千克

二、白壳蛋鸡

白壳蛋鸡的主要优点是：体形小，耗料少，开产早，产蛋量高，饲料报酬高，饲养密度大，效益好，适应性强，各种气候条件下均可饲养；蛋中血斑和肉斑率低，适于集约化笼养管理。缺点是蛋重小，蛋皮薄，抗应激性差，好动爱飞，损耗较高，啄癖多，特别是开产初期啄肛造成的伤亡率较高（图4-5）。

图4-5　白壳蛋鸡与白壳鸡蛋

（一）北京白鸡（京白）

京白蛋鸡由北京市种禽公司育成，包括京白823、京白904、京白938、京白988等。其中京白938可以通过快慢羽进行雌雄鉴别，其主要生产性能见表4-4。

表4-4　京白938蛋鸡的主要生产性能

生产性能	指标
20周龄成活率	94.4%
20周龄体重	1.19千克
20周饲料消耗	5.50~5.70千克
高峰产蛋率	92%~94%
72周龄入舍鸡产蛋数	303枚
72周龄入舍鸡产蛋重	18千克
平均日消耗饲料（18~80周）	105~115克/只
60周龄体重	1.70千克

（二）海兰白

海兰白由美国海兰公司培育，该品种节粮、产蛋率高，在我国分布较广，主要生产性能见表4-5。

表4-5　海兰白蛋鸡的主要生产性能

生产性能	指标
16周龄成活率	98%
16周龄体重	1.23千克
16周饲料消耗	5.05千克
高峰产蛋率	93%~94%
80周龄入舍鸡产蛋数	337~343枚
80周龄入舍鸡产蛋重	21.7千克
平均日消耗饲料（18~80周）	100克/只
20~60周龄饲料转化率	1.93千克饲料/千克蛋

（三）星杂288

星杂288由加拿大雪佛公司育成，该品种曾经遍布全球。雪佛公司保证入舍鸡产蛋量260~285枚，20周龄体重1.25~1.35千克，产蛋期末体重1.75~1.95千克，0~20周龄育成率95%~98%，产蛋期存活率91%~94%。现在我国还有一定的规模。

（四）罗曼白

罗曼白由德国罗曼公司育成，其主要生产性能见表4-6。

表4-6　罗曼白蛋鸡的主要生产性能

生产性能	指标
20周龄成活率	96%~98%
20周龄体重	1.30~1.35千克

续表

生产性能	指标
高峰产蛋率	92%~94%
72 周龄入舍鸡产蛋数	290~300 枚
72 周龄入舍鸡产蛋重	18~19 千克
72 周龄体重	1.75~1.85 千克

三、粉壳蛋鸡

粉壳蛋鸡的显著特点是能表现出较强的褐壳蛋与白壳蛋的杂交优势，产蛋多，饲料报酬高。但因杂交，生产性能不稳定。因蛋壳颜色与我国地方鸡种的蛋壳颜色接近（图 4-6），其产品多以"土鸡蛋""草鸡蛋"等出售。

图 4-6 粉壳鸡蛋

由于利润空间大，因此近些年来粉壳蛋鸡发展迅速。

粉壳蛋鸡的品种主要包括：星杂 444（加拿大雪佛公司）、农昌 2 号（北京农业大学）、B-4（中国农业科学院北京畜牧研究所）、京白 939（北京种禽公司）等。生产性能基本类似，略低于白壳和褐壳蛋鸡。

四、绿壳蛋鸡

绿壳蛋鸡的特征为五黑一绿，毛、皮、肉、骨、内脏均为黑色，更为奇特的是所产蛋为绿色，集天然黑色食品和绿色食品为一体，是世界罕见的珍禽极品。该鸡种抗病力强，适应性广，喜食青草菜叶，饲养管理、防疫灭病和普通家鸡没有区别。绿壳蛋鸡体形较小，结实紧凑，行动敏捷，匀称秀丽，性成熟较早，产蛋量较高，被誉为"药鸡"（图 4-7）。其蛋绿色，属纯天然，蛋黄大，呈橘黄色，蛋清稠、蛋白浓厚、细嫩，易被人体消化吸收，含有大量的卵磷脂、维生素

A、维生素 B、维生素 E 和微量元素碘、锌、硒，属于高维生素、高微量元素、高氨基酸、低胆固醇、低脂肪的理想天然保健食品（图 4-8）。

图 4-7　绿壳蛋鸡（左公、右母）

图 4-8　绿壳鸡蛋

第二节　选择和引进蛋鸡品种注意事项

对农村有关养殖场、户的调查表明，许多从业者对畜禽品种的引进、筛选缺乏必要的知识，有的不了解品种的习性和特点，片面追求标新立异；有的不了解市场需求，随意引入品种，都增加了不确定因素，给生产经营带来了不必要的损失。因此，初养鸡者在引进蛋鸡品种时应注意以下几个问题。

一、适应性

引种时要分析该品种产地饲养方式、气候和环境条件，并与引入饲养地比较，从中选出生命力强、成活率高、适于当地饲养的优良品种。在引种过程中既要考虑品种的生产性能，又要考虑环境条件与原产地的差异。如北方冬天寒冷，可选择较耐寒的品种饲养；而南方夏天闷热易引起应激，可选择耐热、耐应激的品种进行饲养等。

二、产蛋量

饲养蛋鸡的目的就是为了获得既多又好的鸡蛋。因此，在选择饲养品种时最重要的要看该品种的生产成绩，尤其是产蛋量。现代商品杂交鸡性成熟早，20周龄开始产蛋，25~26周龄进入产蛋高峰期。饲养管理条件好的情况下，90%以上产蛋率的时间可持续10周以上，每只鸡年产蛋可达18千克。目前，各育种公司的蛋鸡品种都有各自的生产性能介绍，有的还有产蛋量标准曲线描述，饲养者可根据需要进行选择。

三、饲料报酬

也叫蛋料比，即每产1千克鸡蛋所需饲料的千克数。显然，蛋料比越小，饲料报酬就越高，经济效益肯定会好。养殖者在选择优质品种时，应将产蛋量同饲料报酬结合起来综合考虑，争取找到一个比较理想的品种饲养。

四、适当考虑特色

我国有些地方品种虽然产蛋量低，但是蛋品质良好，受消费者青睐，其价格高于引进蛋鸡所产鸡蛋。尤其是最近几年，随着人们安全、绿色、环保、健康意识的增加，使得发展地方特色品种蛋鸡有了很大的潜力。山西省农科院畜牧所对我国优良地方品种（边鸡）的开发、保种、利用都有很好的效果。极大地提高了右玉边鸡饲养户的经济效益和社会效益。

五、考虑消费市场需求

根据消费市场需求，灵活经营。如果当地群众喜欢褐壳蛋，就要考虑选择褐壳蛋鸡饲养；如果群众喜欢白皮蛋，则要考虑选择白壳蛋鸡。有的地区群众喜欢大蛋，可以考虑饲养蛋重大的鸡；反之，如果群众喜欢小蛋，则考虑饲养蛋重小的鸡。总之，根据市场变化，满足消费者需要，产品才有市场。反之，盲目饲养，效益将受到影响。

总之，要选择饲养一个好的蛋鸡品种，就要综合考虑以上几个方面，不追求片面，要本着天时、地利、人和的理念进行选择，才能生出更多、更好、更安全的蛋品，创造更多的效益。

第五章
蛋鸡的饲料与营养

第一节 蛋鸡常用饲料的营养特点与科学配比

一、能量饲料

指饲料干物质中粗纤维含量低于18%，粗蛋白质低于20%的饲料，包括玉米、大麦、高粱、燕麦等谷类籽实以及加工副产品等。主要含有淀粉和糖类，蛋白质和必需氨基酸含量不足，粗蛋白质含量一般为8%~14%，特别是赖氨酸、蛋氨酸和色氨酸含量少。钙的含量一般低于0.1%，磷含量可达0.314%~0.45%，缺维生素A和维生素D，在日粮配合时，注意与优质蛋白质饲料搭配使用。

（一）玉米

① 含可利用能值高，无氮浸出物74%~80%，粗纤维仅有2%，消化率大于90%，代谢能14.05兆焦/千克（鸡）。

② 不饱和脂肪酸含量较高（3.5%~4.5%），是小麦和大麦的2倍，玉米的亚油酸含量高达2%，为谷类饲料之首。一般禽日粮要求亚油酸量为1%，如日粮玉米用量超过50%，即可达到需求量。因含脂肪高，粉碎后的玉米粉易酸败变质，不宜久藏，最好以整粒贮存，含水量不得超过14%。

③ 蛋白质含量低，品质差。玉米含粗蛋白质7.0%~9.0%，赖氨

酸、色氨酸、蛋氨酸、胱氨酸较缺。在日粮配合时，注意与优质蛋白质饲料搭配使用。无鱼粉日粮需增加赖氨酸或蛋氨酸用量，提高预混料中烟酸的用量，以提高色氨酸的利用率。

④ 黄玉米胡萝卜素较丰富，维生素 B_1 和维生素 E 亦较多，维生素 D、维生素 B_2、泛酸、烟酸等较少。每千克玉米含 1 毫克左右的 β - 胡萝卜素及 22 毫克叶黄素，这是麸皮及稻米等所不能比的。这种黄玉米提供的色素可加深蛋黄颜色，对肉鸡皮肤、脚趾及喙的着色起作用。

图 5-1 玉米

⑤ 矿物质含量低，含钙少，仅 0.02% 左右，含磷约 0.25%（图 5-1 和表 5-1），其中植酸磷占 50%~60%，铁、铜、锰、锌、硒等微量元素的含量也低。

⑥ 玉米可占混合料的 45%~70%。

表 5-1　　玉米的养分含量　　　　　　　（%）

养分	期待值	范围	平均值
干物质	87.0		86.0
粗蛋白	8.8	8.0~9.5	9.4 ± 1.2
粗脂肪（EE）	4.0	4.0~5.0	3.9 ± 0.7
粗纤维（CF）	2.0	2.0~4.0	2.0 ± 0.2
无氮浸出物（NFE）	–	–	69.3 ± 1.9
灰分（Ash）	1.0	1.2~2.0	1.3 ± 0.2
钙	0.02	0.1~0.05	–
磷	0.25	0.20~0.55	–

（二）小麦麸皮

① 蛋白质含量高，但品质较差（图 5-2 和表 5-2）。

②维生素含量丰富，特别是富含 B 族维生素和维生素 E，但烟酸利用率仅为 35%。

③矿物质含量丰富，特别是微量元素铁、锰、锌较高，磷含量高，但缺乏钙。含有适量的粗纤维和硫酸盐类，有轻泻作用，可防便秘。

④可作为添加剂预混料的载体、稀释剂、吸附剂和发酵饲料的载体。

可占混合料的 5%~30%。

图 5-2 小麦麸

表 5-2 小麦麸的营养成分含量 （%）

成分	干物质	粗蛋白	粗脂肪	粗纤维	无氮浸出物	粗灰分	消化能（兆焦/千克）	代谢能（兆焦/千克）
含量	87.0	15.0±2.3	3.7±1.0	9.5±2.2	–	4.9±0.6	9.38±1.34	6.8±0.96

（三）高粱

高粱的粗脂肪含量稍高（约 3.4%），亚油酸约 1.13%，蛋白质约 9%（图 5-3 和表 5-3）。氨基酸组成的特点和玉米一样，也缺少

图 5-3 高粱

赖氨酸、蛋氨酸、色氨酸和异亮氨酸。矿物质含量低，存在钙少磷多现象。高粱中维生素 D 和胡萝卜素较缺，B 族维生素与玉米相近，烟酸略高。因高粱的种皮中含较多的单宁，口味较涩，饲喂过多会使鸡便秘，可占混合料的 10% 左右。

表 5-3　高粱的养分含量　　（%）

养分	期待值	范围
水分	12.0	10.0~15.0
粗蛋白	9.0	7.0~12.0
粗脂肪	3.0	2.5~3.8
粗纤维	2.5	1.7~3.0
灰分	1.5	1.2~1.8
钙	0.03	0.03~0.05
磷	0.30	0.25~0.40
代谢能（鸡，兆焦/千克）	12.31 ± 1.01	–

（四）小麦

　　小麦代谢能值仅次于玉米、糙米和高粱，略高于大麦和燕麦，为 12.96 兆焦/千克，蛋白质含量高于玉米、糙米、碎米、高粱等谷类饲料，为 12.1%~14.0%，氨基酸组成中苏氨酸和赖氨酸不足。小麦含 B 族维生素和维生素 E 多，而维生素 A、维生素 D 和维生素 C 极少。小麦的亚油酸含量一般为 0.8%。锰、锌含量较高，但钙、铜、硒等元素含量较低（图 5-4 和表 5-4）。

图 5-4　小麦

表 5-4　小麦的养分含量　　　　　　　　　　（%）

养分	实测值
干物质	87.0
粗蛋白	13.9 ± 1.5
粗脂肪（EE）	1.7 ± 0.5
粗纤维（CF）	1.9 ± 0.5
粗灰分	1.9 ± 0.3
钙	0.17 ± 0.07
磷	0.41 ± 0.07
消化能（猪，兆焦 / 千克）	14.36 ± 0.33
代谢能（鸡，兆焦 / 千克）	12.72 ± 0.50

（五）米糠

由于加工米糠的原料和所采用的加工技术不同，米糠的组成成分并不完全一样。一般来说，米糠平均含蛋白质 12%~14%，脂肪 16%~22%，糖 3%~8%，水分 10%，能值约为 125.1 千焦 / 克（图 5-5 和表 5-5）。常作为辅料，在鸡饲料中不宜超过 8%。在蛋鸡日粮中加入适量碳酸饼，可适量提高日粮中米糠的使用量。

图 5-5　米糠

表 5-5　米糠和脱脂米糠的营养成分　　　　　　　（%）

成分	米糠		脱脂米糠	
	期待值	范围	期待值	范围
水分	10.5	10.0~13.5	11.0	10.0~12.5
粗蛋白	12.5	10.5~13.5	14.0	13.5~15.5
粗脂肪	14.0	10.0~15.0	1.0	0.4~1.4
粗纤维	11.0	10.5~14.5	14.0	12.0~14.0
粗灰分	12.0	10.5~14.5	16.0	14.5~16.5
钙	0.10	0.05~0.15	0.10	0.1~0.2
磷	1.60	1.00~1.80	1.4	1.1~1.6

二、蛋白质饲料

是指饲料干物质中粗纤维含量低于18%、粗蛋白含量在20%以上的豆类、饼粕类饲料等。根据来源不同，蛋白质饲料可分为植物性和动物性蛋白质饲料等。

（一）植物性蛋白质饲料

此类饲料的共同特点是粗蛋白质含量高，达30%~50%，主要包括豆类籽实以及油料作物籽实加工副产品。

1. 大豆饼（粕）

蛋白质含量40%~50%，粗纤维5%左右，钙3.6%、磷5.6%，是蛋鸡良好的蛋白质饲料。豆粕（图5-6和表5-6）中所含有的氨基酸足以平衡蛋鸡的营养。但要注意大豆饼中含有抗胰蛋白酶、血球凝集素、皂角苷和脲酶，生榨豆饼不宜直接饲用。

图5-6　大豆饼（粕）

表5-6　豆饼（粕）的常规成分含量 （%）

成分	豆饼	豆粕	脱皮大豆粕
水分	10.0	10.5	10.0
粗蛋白	42.0	45.5	49.0
粗脂肪	4.0	0.5	0.5
粗纤维	6.0	6.5	3.0
粗灰分	6.0	6.0	6.0
钙	0.25	0.25	0.20
磷	0.60	0.60	0.60

2. 花生饼（粕）

花生粕（图5-7和表5-7）的饲用价值仅次于豆粕（饼），蛋白质含量高，可利用能含量也较高。但花生粕蛋白质中赖氨酸和蛋氨酸的含量较低，分别为1.35%和0.39%，而精氨酸和甘氨酸含量却分别为5.16%和2.15%。因此在使用时宜与含精氨酸低的饲料如菜籽粕、鱼粉等搭配使用，同时，还必须补充维生素B_{12}和钙。花生饼粕的粗纤维、粗脂肪较高，易发生酸败。

图 5-7　花生饼（粕）

表 5-7　花生饼（粕）的营养成分 （%）

成分	花生饼		花生粕		带壳花生粕
	期待值	范围	期待值	范围	
水分	9.0	8.5~11.0	9.0	8.5~11.0	11.4
粗蛋白	45.0	41.0~47.0	47.0	42.5~48.0	29.33
粗脂肪	5.0	4.0~7.0	1.0	0.5~2.0	9.89
粗纤维	4.2	–	–	–	27.9
粗灰分	5.5	4.0~6.5	5.5	5.5~7.0	6.3
钙	0.20	0.15~0.30	0.20	0.15~0.30	0.26
磷	0.5	0.45~0.65	0.60	0.45~0.65	0.29

3. 棉籽饼（粕）

棉籽饼、粕（图5-8和表5-8）的营养价值相差较大，主要原因是棉籽脱壳程度及制油方法的差异。完全脱壳的棉仁制成的棉仁饼（粕），粗蛋白质可达50%；不脱壳的棉籽直接榨油生产出的棉籽饼粗纤维含量达16%~20%，粗蛋白

图 5-8　棉籽饼（粕）

质20%~30%。棉籽饼（粕）蛋白质组成不平衡，精氨酸含量高（3.6%~3.8%），赖氨酸含量（低）1.3%~1.5%，蛋氨酸也不足，约0.4%。赖氨酸是棉籽饼（粕）的第一限制性氨基酸。棉籽饼粕中含有棉酚，鸡过量摄取或摄取时间较长，可导致生长迟缓、繁殖性能及生产性能下降，甚至导致死亡。

表5-8　棉籽饼（粕）的营养成分 （%）

营养成分	土榨饼	螺旋压榨饼	浸出粕
粗蛋白质	20~30	32~38	38~41
粗脂肪	5~7	3~5	1~3
粗纤维	16~20	10~14	10~14
粗灰分	6~8	5~6	5~6
代谢能（兆焦/千克）	< 7	8.2	7.9

4. 菜籽饼（粕）

菜籽粕（图5-9）的蛋白质含量约36%，蛋氨酸较高，与大豆饼（粕）配合使用可以提高日粮中蛋氨酸含量；精氨酸含量较低；与棉籽粕配合可改善赖氨酸与精氨酸的比例。由于其粗纤维含量较高，可利用能量较低（表5-9），适口性差，不宜作为蛋鸡的唯一蛋白质饲料。

图5-9　菜籽饼粕

表5-9　菜籽饼粕常规成分 （%）

种类	干物质	粗蛋白	粗纤维	粗脂肪	粗灰分	消化能（兆焦/千克）	代谢能（兆焦千克）	钙	磷
菜籽饼	88.0	34.3	11.6	9.3	7.7	2.88	1.95	0.64	1.02
菜籽粕	88.0	38.0	12.1	1.7	7.9	2.43	1.77	0.75	1.13

（二）动物性蛋白质饲料

1.主要特点

① 粗蛋白质含量高、品质好，必需氨基酸齐全，特别是赖氨酸和色氨酸含量丰富。

② 含碳水化合物少，几乎不含粗纤维，因而鸡的消化率高。

③ 矿物质中钙磷含量较多，比例恰当，鸡能充分利用，另外微量元素含量也很丰富。

④ B 族维生素含量丰富，特别是维生素 B_6 含量高，还含有一定量脂溶性维生素，如维生素 D 和维生素 A 等。

⑤ 动物性蛋白质饲料还含有一定的未知生长因素，它能提高鸡对营养物质的利用率，促进鸡的生长和产蛋。

2.鱼粉

鱼粉（图 5-10 和表 5-10）生物学价值较高，是一种含蛋白质高、优质的动物蛋白质，可占混合料的 5%~10%。

图 5-10　鱼粉

表 5-10　鱼粉养分含量 （%）

	干物质	粗蛋白	粗脂肪	粗灰分	钙	磷
国产鱼粉	88	45~55	5~12	6~25	1.0~5.0	1.0~3.0
进口鱼粉	89	60~67	7~10	5~15	3.9~4.5	2.5~4.5

三、矿物质饲料

（一）矿物质饲料的类型

通常分为常量元素和微量元素两大类。常量元素系指在动物体内的含量占到体重的 0.01% 以上的元素，包括钙、磷、钠、氯、钾、镁、硫等；微量元素系指含量占动物体重 0.01% 以下的元素，包括钴、铜、碘、铁、锰、钼、硒和锌等（表 5-11）。饲养实践中，通常常量元素可自行配制，而微量元素需要量微小，且种类较多，需要一定的比例配合以及特定机械搅拌，因而建议通过市售商品预混料提供。

表 5-11　产蛋鸡对常量矿物质元素（%）和
微量矿物质元素（毫克/千克）最低需要量

元素	钙	磷	钠	氯	钾	镁	硫	铁	锰	锌	铜	硒	碘	钴	钼
蛋鸡	3.5	0.6	0.15	0.20	0.50	0.05	0.10	40	60	40	5	0.20	0.30	0.05	0.10

（二）常量矿物质饲料

1. 食盐

在畜禽配合饲料中用量一般为 0.25%~0.5%，食盐不足影响食欲，降低采食量，影响生产性能，并导致异嗜癖。采食过量，饮水不足时，可能出现食盐中毒，若雏鸡料中含盐达 0.9% 以上则会出现生长受阻，严重时会出现死亡。因此，使用含盐量高的鱼粉、酱渣等饲料时应特别注意。

2. 含钙饲料

石粉为天然的碳酸钙，含钙在 35% 以上，同时还含有少量的磷、镁、锰等。一般来说，碳酸钙颗粒越细，吸收率越好。用于蛋鸡产蛋期以粗粒为好，产蛋鸡料用量在 7%~10%。贝壳粉主要成分为碳酸钙，一般含碳酸钙 96.4%，折合含钙量为 36% 左右。贝壳粉用于蛋鸡、种鸡饲料中，可增强蛋壳强度。贝壳粉价格一般比石粉贵 1~2 倍，所以饲料成本会因之上升，特别是产蛋鸡、种鸡料需钙含量高，用贝壳粉会比石粉明显增加成本。优质蛋壳粉含钙可达 34% 以上，还含有粗蛋白质 7%、磷 0.09%。蛋壳粉用于蛋鸡、种鸡饲料中，可增加蛋壳硬度，其效果优于使用石粉。有资料报道，蛋壳粉生物利用率甚佳，是理想的钙源之一。

3. 含磷饲料

磷酸二氢钠含磷 26% 以上，钠 19%，重金属以铅计不应超过 20 毫克／千克。生物利用率高，既含磷又含钠，适用于所有饲料。

4. 钙磷平衡饲料

骨粉是以家畜（多为猪、牛、羊）骨骼为原料，经蒸汽高压灭菌后干燥粉碎而制成的产品，按其加工方法不同，可分为蒸制骨粉、脱胶骨粉和焙烧骨粉。骨粉含钙 24%~30%，磷 10%~15%，蛋白质 10%~13%。由于原料质量变异较大，骨粉质量也不稳定。在鸡的配合饲料中的用量为 1%~3%。

磷酸氢钙（磷酸二钙），含钙量不低于 23%，含磷量不低于 18%，是优质的钙、磷补充料，鸡饲料用量为 1.2%~2.0%。

磷酸钙（磷酸三钙含钙 38.69%、磷 19.97%），其生物利用率不如磷酸氢钙，但也是重要的补钙剂之一。

磷酸二氢钙（磷酸一钙）为白色结晶粉末，含钙量不低于 15%，含磷不低于 22%。其水溶性、生物利用率均优于磷酸氢钙，是优质钙、磷补充剂，利用率优于其他磷源。

钙、磷及其二者之间的平衡，是蛋鸡日粮配合中最重要的部分（表 5-12）。蒸汽灭菌后的骨粉含钙、磷比例平衡，利用率高，是蛋鸡最佳的钙、磷补充料，一般可占混合料的 1%~2.5%。贝壳粉主要补充钙质的不足，可占混合料的 1%~7%，产蛋母鸡宜多用，其他鸡宜少用。磷酸氢钙等也是优质的钙、磷补充剂。

表 5-12　鸡对钙、磷的需要量				（%）
	雏鸡（0~8周）	生长鸡（8~20周）	产蛋鸡	种鸡
钙	0.8	0.7	3.5	3.4
总磷	0.70	0.6	0.6	0.6
有效磷	0.4	0.35	0.33	0.33

四、青绿饲料

各种新鲜的青绿蔬菜（图 5-11）用量可占混合料的 20%~30%。

树叶类饲料如洋槐、紫穗槐等绿树叶，一般可占混合料的 10%~15%。尤其是紫花苜蓿（图 5-12），是各类畜禽的上等饲草，不仅营养丰富，且适口性好（表 5-13）。

图 5-11　块根块茎饲料（胡萝卜）

图 5-12　苜蓿草

表 5-13　紫花苜蓿不同生长时期的营养成分　（%，以干草计）

生长期	干物质	粗蛋白质	粗脂肪	粗纤维	无氮浸出物	粗灰分
苗期	18.8	26.1	4.5	17.2	42.2	10.0
现蕾期	19.9	22.1	3.5	23.6	41.2	9.6
初花期	22.5	20.5	3.1	25.8	41.5	9.3
盛花期	25.3	18.2	3.6	28.5	41.5	8.2
结实期	29.3	12.3	2.4	40.6	37.2	7.5

五、维生素饲料

作为饲料添加剂的维生素主要有：维生素 D_3、维生素 A、维生素 E、维生素 K_3、硫胺素、核黄素、维生素 B_{12}、氯化胆碱、尼克酸、泛酸钙、叶酸、生物素等（表 5-14）。维生素饲料应随用随买，随配随用，不宜与氯化胆碱、微量元素等混合贮存，也不宜长期贮存。

表5-14　商品维生素推荐量　（Lesson 和 Summers，1997）

维生素（每千克日粮）	肉雏鸡		产蛋鸡	
	NRC	商品推荐量	NRC	商品推荐量
维生素 A（国际单位）	1 500	6 500	3 000	7 500
维生素 D_3（国际单位）	200	3000	300	2 500
维生素 E（国际单位）	10	30	5	25
维生素 K（毫克）	0.5	2.0	0.5	2.0
硫胺素（毫克）	1.8	4.0	0.7	2.0
核黄素（毫克）	3.6	5.5	2.5	4.5
烟酸（毫克）	35	40	10	40
泛酸（毫克）	10	14	2	10
吡哆醇（毫克）	3.5	4.0	2.5	3.0
叶酸（毫克）	0.55	1.0	0.25	0.75
生物素（微克）	150	200	100	150
维生素 B_{12}（微克）	10	13	4	10
胆碱（毫克）	1 300	800	1 050	1 200

六、添加剂饲料

（一）营养性添加剂

营养性添加剂包括微量元素、维生素和氨基酸等。这类添加剂的作用是增加日粮营养成分，使其达到营养平衡和全价性。

1. 微量元素

日粮中一般添加的微量元素有铁、锌、铜、硒、锰、碘、钴。最常用的化合物有硫酸亚铁、硫酸铜、氯化锌、硫酸锌、硫酸锰、氧化锰、亚硒酸钠和碘化钾等。

2. 维生素

亦即维生素饲料，根据日粮营养需要，依据蛋鸡生长发育与生产需要添加一定数量的维生素，其种类如前所述。

3. 氨基酸

主要用于日粮中不足的必需氨基酸，以提高蛋白质的利用效率。

（二）非营养性添加剂

这一类添加剂虽然本身不具备营养作用，但可以延长饲料保质期，具有驱虫保健功能或改善饲料的适口性、提高采食量等功效。包括抗氧化剂、促生长剂（如酵母等）、驱虫保健剂、防霉剂以及调味剂、香味剂等。在应用过程中，须考虑符合无公害食品生产的饲料添加剂使用准则。最好应用生物制剂，或无残留、无污染、无毒副作用的绿色饲料添加剂。国家允许使用的饲料添加剂品种见表5-15。

表5-15　国家允许使用的饲料添加剂品种目录

类别	饲料添加剂名称
饲料级氨基酸7种	L-赖氨酸盐酸盐；DL-羟基蛋氨酸；DL-羟基蛋氨酸钙；N-羟甲基蛋氨酸；L-色氨酸；L-苏氨酸
饲料级维生素26种	β-胡萝卜素；维生素A；维生素A乙酸酯；维生素A棕榈酸酯；维生素D_3；维生素E；维生素E乙酸酯；维生素K_3（亚硫酸氢钠甲萘醌）；二甲基嘧啶醇亚硫酸甲萘醌；维生素B_1（盐酸硫胺）；维生素B_1（硝酸硫胺）；维生素B_2（核黄素）；维生素B_6；烟酸；烟酰胺；D-泛酸钙；DL-泛酸钙；叶酸；维生素B_{12}（氰钴胺）；维生素C（L-抗坏血酸）；L-抗坏血酸钙；L-抗坏血酸-2-磷酸酯；D-生物素；氯化胆碱；L-肉碱盐酸盐；肌醇
饲料级矿物质、微量元素43种	硫酸钠；氯化钠；磷酸二氢钠；磷酸氢二钠；磷酸二氢钾；磷酸氢二钾；碳酸钙；氯化钙；磷酸氢钙；磷酸二氢钙；磷酸三钙；乳酸钙；七水硫酸镁；一水硫酸镁；氧化镁；氯化镁；七水硫酸亚铁；一水硫酸亚铁；三水乳酸亚铁；六水柠檬酸亚铁；富马酸亚铁；甘氨酸铁；蛋氨酸铁；五水硫酸铜；一水硫酸铜；蛋氨酸铜；七水硫酸锌；一水硫酸锌；无水硫酸锌；氯化锌；蛋氨酸锌；一水硫酸锰；氯化锰；碘化钾；碘酸钾；碘酸钙；六水氯化钴；一水氯化钴；亚硒酸钠；酵母铜；酵母铁；酵母锰；酵母硒

续表

类别	饲料添加剂名称
饲料级酶制剂 12 类	蛋白酶（黑曲霉，枯草芽孢杆菌）；淀粉酶（地衣芽孢杆菌，黑曲霉）；支链淀粉酶（嗜酸乳杆菌）；果胶酶（黑曲霉）；脂肪酶；纤维素酶（木霉）；麦芽糖酶（枯草芽孢杆菌）；木聚糖酶；β-葡聚糖酶；甘露聚糖酶；植酸酶（黑曲霉，米曲霉）；葡萄糖氧化酶（青霉）
饲料级微生物添加剂 12 种	干酪乳杆菌；植物乳杆菌；粪链球菌；屎链球菌；乳酸片球菌；枯草芽孢杆菌；纳豆芽孢杆菌；嗜酸乳杆菌；乳链球菌；啤酒酵母菌；产朊假丝酵母；沼泽红假单胞菌
饲料级非蛋白氮 9 种	尿素；硫酸铵；液氨；磷酸氢二铵；磷酸二氢铵；缩二脲；异丁叉二脲；磷酸脲； 羟甲基脲
抗氧剂 4 种	乙氧基喹啉；二丁基羟基甲苯（BHT）；没食子酸丙酯；丁基羟基茴香醚（BHA）
防腐剂、电解质平衡剂 25 种	甲酸；甲酸钙；甲酸铵；乙酸；双乙酸钠；丙酸；丙酸钙；丙酸钠；丙酸铵； 丁酸；乳酸；苯甲酸；苯甲酸钠；山梨酸；山梨酸钠；山梨酸钾；富马酸；柠檬酸； 酒石酸；苹果酸；磷酸；氢氧化钠；碳酸氢钠；氯化钾；氢氧化铵
着色剂 6 种	β-阿朴-8-胡萝卜素醛；辣椒红；β-阿朴-8-胡萝卜素酸乙酯；虾青素；β,β-胡萝卜素 4, 4-二酮（斑蝥黄）；叶黄素（万寿菊花提取物）
调味剂、香料 6 种(类)	糖精钠；谷氨酸钠；5-肌苷酸二钠；5-鸟苷酸二钠；血根碱；食品用香料均可作饲料添加剂
黏结剂、抗结块剂和稳定剂 13 种（类）	α-淀粉；海藻酸钠；羧甲基纤维素钠；丙二醇；二氧化硅；硅酸钙；三氧化二铝；蔗糖脂肪酸酯；山梨醇酐脂肪酸酯；甘油脂肪酸酯；硬脂酸钙；聚氧乙烯 20 山梨醇酐单油酸酯；聚丙烯酸树脂Ⅱ
其他 10 种	糖萜素；甘露低聚糖；肠膜蛋白素；果寡糖；乙酰氧肟酸；天然类固醇萨洒皂角苷（YUCCA）；大蒜素；甜菜碱；聚乙烯聚吡咯烷酮（PVPP）；葡萄糖山梨醇

第五章 蛋鸡的饲料与营养

71

第二节　蛋鸡的饲养标准与不同阶段需求

一、蛋鸡的饲养标准

　　饲养标准是动物营养学家通过长期的饲养研究，根据其不同生长阶段，科学地规定出每只鸡应当喂给的能量及各种营养物质的数量和比例，这种按蛋鸡的不同情况规定的营养指标，就称为饲养标准（表5-16）。饲养标准以鸡在生长发育、繁殖、生产等生理活动中每天对能量、蛋白质、维生素和矿物质等营养物质的需要量制定。

　　目前，鸡的营养标准有多种，在具体应用过程中受到许多因素的影响，如鸡的品种、饲料来源（产地）、饲料加工调制、饲料分析方法、环境气候条件及饲养方式等。有了饲养标准，可以避免实际饲养中的盲目性，对饲粮中的各种营养物质能否满足鸡的需要，与需要量相比有多大差距，可以做到胸中有数，不至于因饲粮营养指标偏离鸡的需要量或比例不当而降低鸡的生产水平。蛋鸡养殖要重点考虑蛋白质、能量、矿物质、维生素、食盐以及钙和磷的营养需要，以最大限度地促进鸡的生长和产蛋。

表 5-16　生长蛋鸡饲养标准（NY/33-2004）

营养指标	单位	0~8 周龄	9~18 周龄	19 至开产
代谢能	兆焦 / 千克（兆卡 / 千克）	11.91（2.85）	11.70（2.80）	11.50（2.57）
粗蛋白	%	19.0	15.1	17.0
蛋白能量比	g/ 兆焦（g/ 兆卡）	15.95（66.67）	13.25（55.30）	14.78（61.82）
赖氨酸能量比	g/ 兆焦（g/ 兆卡）	0.84（3.51）	0.58（2.43）	0.61（2.55）
赖氨酸	%	1.00	0.68	0.70
蛋氨酸	%	0.37	0.27	0.34
蛋 + 胱氨酸	%	0.74	0.55	0.64
苏氨酸	%	0.66	0.55	0.62
色氨酸	%	0.20	0.18	0.19

营养指标	单位	0~8 周龄	9~18 周龄	19 至开产
精氨酸	%	1.18	0.98	1.02
亮氨酸	%	1.27	1.01	1.07
异亮氨酸	%	0.71	0.59	0.60
苯丙氨酸	%	0.64	0.53	0.54
苯丙氨酸 + 酪氨酸	%	1.18	0.98	1.00
缬氨酸	%	0.37	0.60	0.62
甘 + 丝氨酸	%	0.82	0.68	0.71
钙	%	0.90	0.80	2.00
总磷	%	0.70	0.60	0.55
非植酸磷	%	0.40	0.35	0.32
钠	%	0.15	0.15	0.15
氯	%	0.15	0.15	0.15
铁	毫克 / 千克	80	60	60
铜	毫克 / 千克	8	6	8
锌	毫克 / 千克	60	40	80
锰	毫克 / 千克	60	40	60
碘	毫克 / 千克	0.35	0.35	0.35
硒	毫克 / 千克	0.30	0.30	0.30
亚油酸	%	1	1	1
维生素 A	国际单位 / 千克	4 000	4 000	4 000
维生素 D	国际单位 / 千克	800	800	800
维生素 E	国际单位 / 千克	10	8	8
维生素 K	毫克 / 千克	0.5	0.5	0.5
硫胺素	毫克 / 千克	1.8	1.3	1.3
核黄素	毫克 / 千克	3.6	1.8	2.2
泛酸	毫克 / 千克	10	10	10
烟酸	毫克 / 千克	30	11	11
吡哆醇	毫克 / 千克	3	3	3
生物素	毫克 / 千克	0.15	0.10	0.10
叶酸	毫克 / 千克	0.55	0.25	0.25
维生素	毫克 / 千克	0.010	0.003	0.004
胆碱	毫克 / 千克	1300	900	500

注：根据中型体重鸡制定，轻型鸡可减少10%，开产日龄按5%产蛋率计算。

第五章 蛋鸡的饲料与营养

二、蛋鸡不同阶段对营养的需求

一般情况下，0~6周龄选择育雏料（蛋小鸡料），7~15周龄选择育成料（蛋中鸡料），16周至5%开产期间选择预产期料（开产前期料），鸡群达到5%~85%产蛋率时选择产蛋高峰料，产蛋高峰过后选择高峰后期料（表5-17）。

表5-17　蛋鸡不同阶段日粮营养需求　　　　　　　（%）

阶段	代谢能（兆焦/千克）	粗蛋白	蛋氨酸	赖氨酸	有效磷	钙
0~2周龄	11.91~12.12	19.5	0.48	1.1	0.48	1
3~6周龄	11.50~11.70	19	0.45	1.0	0.45	1
7~8周龄	11.50~11.70	16	0.4	0.9	0.44	1
9~15周龄	11.50~11.70	15.5	0.35	0.7	0.37	1
16周至5%开产	11.29~11.50	16	0.42	0.85	0.45	2.25
5%开产~32周龄	11.08~11.29	16.5	0.4	0.8	0.4	3.75
33~45周龄	11.29~11.50	16	0.37	0.75	0.36	3.8
46~55周龄	11.50~11.70	15.5	0.32	0.7	0.33	3.85
56周至淘汰	11.50~11.70	15	0.29	0.65	0.3	3.9

（一）蛋雏鸡

蛋鸡0~6周龄为育雏期。因雏鸡消化系统发育不健全，采食量较小，消化力低。营养需求上要求比较高，需要高能量、高蛋白、低纤维含量的优质饲料，并要补充较高水平的矿物质和维生素。设计配方时可使用玉米、鱼粉、豆粕等优质原料（表5-18和表5-19）。

表5-18　产蛋鸡后备母鸡日粮的营养规格

	育雏期（0~8周）	生长期（8~15周）	产蛋前期（15~17周）
蛋白水平（%）	18	15	17
氨基酸（%）			
精氨酸	1.05	0.80	0.80
赖氨酸	0.93	0.72	0.70
蛋氨酸	0.45	0.34	0.40
蛋+胱氨酸	0.75	0.60	0.70

	育雏期（0~8周）	生长期（8~15周）	产蛋前期（15~17周）
色氨酸	0.19	0.16	0.17
组氨酸	0.33	0.28	0.30
亮氨酸	1.16	0.95	1.00
异亮氨酸	0.62	0.51	0.55
苯丙氨酸	0.58	0.48	0.51
苯丙＋酪氨酸	1.13	0.93	1.00
苏氨酸	0.6	0.52	0.50
缬氨酸	0.69	0.67	0.67
营养水平			
代谢能（千卡/千克）	2 950	2 850	2 850
钙（%）	1.0	0.85	2.0
有效磷（%）	0.44	0.39	0.43
钠（%）	0.18	0.18	0.18

表 5-19　育雏期和生长期日粮示例　　　　　（千克）

组分	1	2	3	4	5	6
玉米	709.5	–	374	737.0	–	392.0
小麦	–	796.5	372.5	–	822.0	392.0
豆粕（48%）	238.0	150.0	200.0	205.0	120.0	158.0
脂肪	10.0	10.0	10.0	10.0	10.0	10.0
石粉	15.0	15.0	15.0	15.0	15.0	15.0
磷酸氢钙（20%P）	15.0	15.0	15.0	20.0	20.0	20.0
盐	2.5	2.5	2.5	2.5	2.5	2.5
预混料	10.0	10.0	10.0	10.0	10.0	10.0
蛋氨酸	0.88	1.25	1.1	0.8	1.0	0.8
营养水平						
粗蛋白（%）	17.6	17.6	17.7	16.2	16.6	16.1
可消化蛋白（%）	16.0	16.0	16.1	14.8	14.9	14.7
粗脂肪（%）	3.8	2.3	3.1	3.9	2.3	3.2
粗纤维（%）	2.5	2.8	2.6	2.5	2.8	2.6
代谢能（千卡/千克）	3 045	2 970	3 010	3 059	2 800	3 030
钙（%）	0.94	0.95	0.95	1.04	1.06	1.05
有效磷（%）	0.41	0.43	0.42	0.50	0.53	0.51

续表

组分	1	2	3	4	5	6
钠（%）	0.17	0.19	0.18	0.16	0.19	0.18
蛋氨酸（%）	0.41	0.40	0.40	0.37	0.35	0.34
蛋＋半胱氨酸（%）	0.66	0.68	0.67	0.61	0.61	0.58
赖氨酸（%）	0.90	0.88	0.90	0.80	0.80	0.78

（二）育成蛋鸡

　　蛋鸡7~18周龄为育成期，该阶段鸡生长发育旺盛，体重增长速度稳定，消化器官逐渐发育成熟，骨骼生长速度超过肌肉生长速度。因此，对能量、蛋白等营养成分的需求相对较低，对纤维素水平的限制可以适量放宽，可以使用一些粗纤维较高的原料，如糠麸、草粉等，以降低饲料成本。育成后期为限制体重增长，还可使用麸皮等稀释饲料营养浓度。18周龄至开产可以使用过渡性高钙饲料，以加快骨钙的储备（表5-20和表5-21）。

表5-20　产蛋鸡日粮营养规格

采食量[克/（只·天）]	120	100	90
蛋白水平（%）	14.0	17.0	19.0
氨基酸（%）			
精氨酸	0.60	0.75	0.82
赖氨酸	0.56	0.70	0.77
蛋氨酸	0.31	0.37	0.41
蛋＋胱氨酸	0.53	0.64	0.71
色氨酸	0.12	0.15	0.17
组氨酸	0.14	0.17	0.19
亮氨酸	0.73	0.91	1.00
异亮氨酸	0.50	0.63	0.69
苯丙氨酸	0.38	0.47	0.52
苯丙＋酪氨酸	0.65	0.83	0.91
苏氨酸	0.50	0.63	0.69

采食量［克/（只·天）］	120	100	90
缬氨酸	0.56	0.70	0.77
营养水平			
代谢能（千卡/千克）	2 700	2 800	2 850
钙（%）	3.00	3.50	3.60
有效磷（%）	0.35	0.40	0.42
钠（%）	0.17	0.18	0.19

表 5-21　产蛋鸡日粮示例　　　（千克）

组分	1	2	3
玉米	596.0	–	300.0
小麦	–	682.0	360.0
大麦	–	–	–
豆粕（48%）	280.0	195.0	222.0
脂肪	20.0	20.0	15.0
石粉	78.0	78.0	78.0
磷酸氢钙（20%）	11.5	11.5	11.5
盐	3.5	2.5	2.5
预混料	10.0	10.0	10.0
蛋氨酸	1.0	1.0	0.75
营养水平			
粗蛋白（%）	18.60	17.90	17.80
可消化蛋白（%）	17.00	16.00	16.10
粗脂肪（%）	4.40	3.20	3.30
粗纤维（%）	2.30	3.30	2.80
代谢能（千卡/千克）	2 860	2 768	2 800
钙（%）	3.30	3.30	3.30
有效磷（%）	0.41	0.43	0.41
钠（%）	0.19	0.19	0.18
蛋氨酸（%）	0.42	0.37	0.36
蛋＋半胱氨酸（%）	0.70	0.66	0.54
赖氨酸（%）	1.02	0.96	0.95

（三）产蛋鸡

19周龄至淘汰为产蛋期，这一时期按产蛋率高低分为产蛋前期、中期和后期。

1. 产蛋前期

开产至40周龄或产蛋率由5%达70%，因负担较重，对蛋白的需要量随产蛋率的提高而增加。此外，蛋壳的形成需要大量的钙，因此对钙的需要量增加。蛋氨酸、维生素、微量元素等营养指标也应适量提高，确保营养成分供应充足，力求延长产蛋高峰期，充分发挥其生产性能。含钙原料应选用颗粒较大的贝壳粉和粗石粉，便于挑食。尽可能少用玉米蛋白粉等过细饲料原料，以免影响采食。

2. 产蛋中期

40~60周龄或产蛋率由80%至90%的高峰期过后，此期蛋鸡体重几乎没有增加，产蛋率开始下降，营养需要较高峰期略有降低。但由于蛋重增加，饲粮中的粗蛋白质水平不可降得太快，应采取试探性降低蛋白质水平较为稳妥。

3. 产蛋后期

60周龄以后或产蛋率降至70%以下，此期产蛋率持续下降。由于鸡龄增加，对饲料中营养物质的消化和吸收能力下降，蛋壳质量变差，饲粮中应适当提高钙的水平。产蛋后期随产蛋量下降，母鸡对能量的需要量相应减少，在降低粗蛋白质水平的同时不可提高能量水平，以免使鸡变肥而影响生产性能（表5-22）。

表5-22　产蛋鸡营养需要

营养指标	单位	开产 - 高峰期	高峰后期	种鸡
代谢能	兆焦/千克（兆卡/千克）	11.29（2.70）	10.87（2.65）	11.29（2.70）
粗蛋白	%	16.5	15.5	18.0
蛋白能量比	克/兆焦（克/兆卡）	14.61（61.11）	14.26（58.49）	15.94（66.67）
赖氨酸能量比	克/兆焦（克/兆卡）	0.64（2.67）	0.61（2.54）	0.63（2.63）

营养指标	单位	开产 – 高峰期	高峰后期	种鸡
赖氨酸	%	0.75	0.70	0.75
蛋氨酸	%	0.34	0.32	0.34
蛋 + 胱氨酸	%	0.65	0.56	0.65
苏氨酸	%	0.55	0.50	0.55
色氨酸	%	0.16	0.15	0.16
精氨酸	%	0.76	0.69	0.76
亮氨酸	%	1.02	0.98	1.02
异亮氨酸	%	0.72	0.66	0.72
苯丙氨酸	%	0.58	0.52	0.58
苯丙 + 酪氨酸	%	1.08	1.06	1.08
组氨酸	%	0.25	0.23	0.25
缬氨酸	%	0.59	0.54	0.59
甘 + 丝氨酸	%	0.57	0.48	0.57
可利用赖氨酸		0.66	0.60	–
可利用蛋氨酸		0.32	0.30	–
钙	%	3.5	3.5	3.5
总磷	%	0.60	0.60	0.60
非植酸磷	%	0.32	0.32	0.32
钠	%	0.15	0.15	0.15
氯	%	0.15	0.15	0.15
铁	毫克 / 千克	60	60	60
铜	毫克 / 千克	8	8	6
锌	毫克 / 千克	80	80	60
锰	毫克 / 千克	60	60	60
碘	毫克 / 千克	0.35	0.35	0.35
硒	毫克 / 千克	0.30	0.30	0.30
亚油酸	%	1	1	1
维生素 A	国际单位 / 千克	8 000	8 000	10 000
维生素 D	国际单位 / 千克	1 600	1 600	2 000
维生素 E	国际单位 / 千克	5	5	10

营养指标	单位	开产-高峰期	高峰后期	种鸡
维生素 K	毫克/千克	0.5	0.5	1.0
硫胺素	毫克/千克	0.8	0.8	0.8
核黄素	毫克/千克	2.5	2.5	3.8
泛酸	毫克/千克	2.2	2.2	10
烟酸	毫克/千克	20	20	30
吡哆醇	毫克/千克	3	3.0	4.5
生物素	毫克/千克	0.10	0.10	0.15
叶酸	毫克/千克	0.25	0.25	0.35
维生素	毫克/千克	0.004	0.004	0.004
胆碱	毫克/千克	500	500	500

注：根据中型体重鸡制定，轻型鸡可减少10%；开产日龄按5%产蛋率计算。

三、蛋鸡饲料配方实例

（一）0~8周龄生长蛋鸡常规饲料原料配方（表5-23）

表5-23　0~8周龄生长蛋鸡常规饲料原料配方

原料（%）	1	2	3
玉米	63.37	63.50	65.00
小麦麸	7.48	3.94	7.00
大豆饼	14.35	15.50	–
菜籽饼	–	–	–
大豆粕	–	–	15.00
玉米蛋白粉	–	–	4.00
向日葵仁粕	4.00	8.00	–
鱼粉	8.00	6.00	5.00
氢钙	0.51	0.72	1.00
石粉	0.98	1.00	1.00
食盐	0.11	0.14	0.80

原料（%）	1	2	3
蛋氨酸	0.10	0.10	0.10
赖氨酸	0.10	0.10	0.10
预混料	1.00	1.00	1.00
总计	100.00	100.00	100.00
代谢能（兆焦/千克）	11.93	11.93	12.06
粗蛋白	19.00	19.08	19.15
钙	0.90	0.90	0.93
非植酸磷	0.48	0.47	0.50
钠	0.15	0.15	0.39
氯	0.15	0.16	0.55
赖氨酸	1.05	1.00	1.00
蛋氨酸	0.47	0.47	0.45
含硫氨基酸	0.76	0.77	0.77

（二）常规饲料原料配制 9~18 周龄生长蛋鸡配方（表5-24）

表5-24 常规饲料原料配制 9~18 周龄生长蛋鸡配方

原料（%）	1	2	3	4	5
玉米	68.21	69.02	69.23	67.21	70.60
小麦麸	7.27	7.60	7.53	7.69	8.00
米糠饼	3.00	–	–	–	–
苜蓿草粉	–	1.00	–	–	–
花生仁饼	–	1.00	–	2.00	–
芝麻饼	–	–	–	2.00	–
棉籽蛋白	–	–	2.00	–	–
大豆粕	9.00	12.00	–	–	–
大豆饼	–	–	14.00	14.00	10.00
菜籽粕	3.00	–	–	–	–
向日葵仁粕	4.00	5.00	–	–	–
麦芽根	–	–	–	–	2.00

原料（%）	1	2	3	4	5
玉米蛋白粉	-	-	-	-	2.00
玉米胚芽饼	-	-	2.00	-	-
玉米 DDGS	-	-	-	2.00	-
蚕豆粉浆蛋白粉	0.38	0.09	-	-	2.00
鱼粉	2.00	1.00	2.00	2.00	2.00
氢钙	0.69	0.82	0.78	0.84	1.00
石粉	1.19	1.18	1.15	1.00	1.00
食盐	0.24	0.26	0.27	0.22	0.27
蛋氨酸	-	0.01	0.04	-	0.03
赖氨酸	0.02	0.02	-	0.04	0.10
预混料	1.00	1.00	1.00	1.00	1.00
总计	100.00	100.00	100.00	100.00	100.00
代谢能（兆焦/千克）	11.72	11.72	11.70	11.72	11.83
粗蛋白	15.50	15.56	15.55	15.50	15.50
钙	0.80	0.80	0.80	0.80	0.80
非植酸磷	0.35	0.35	0.37	0.39	0.41
钠	0.15	0.15	0.15	0.15	0.15
氯	0.20	0.21	0.21	0.19	0.22
赖氨酸	0.68	0.68	0.70	0.70	0.76
蛋氨酸	0.27	0.27	0.31	0.28	0.30
含硫氨基酸	0.56	0.55	0.55	0.55	0.56

（三）常规饲料原料配制 19 周龄至开产蛋鸡配方（表5-25）

表 5-25　常规饲料原料配制 19 周龄至开产蛋鸡配方

原料（%）	1	2	3	4	5
玉米	64.98	59.90	60.89	59.11	62.97
高粱	-	-	-	10.00	3.00
小麦麸	3.88	-	-	-	-
大麦（裸）	-	7.00	7.00	-	-
麦芽根	-	-	-	-	2.06

原料（%）	1	2	3	4	5
米糠	–	5.00	–	–	–
大豆粕	15.00	15.00	15.00	14.00	20.00
棉籽饼	–	–	–	3.00	3.00
向日葵仁粕	4.00	–	–	3.00	–
蚕豆粉浆蛋白粉	–	–	–	4.00	–
菜籽粕	3.00	3.00	–	–	–
玉米胚芽粕	–	–	–	–	2.00
玉米蛋白粉	–	–	3.87	–	–
苜蓿草粉	–	–	4.00	–	–
鱼粉	3.00	4.00	3.00	–	–
氢钙	0.40	0.24	0.60	0.87	0.82
石粉	4.49	4.47	4.23	4.62	4.64
食盐	0.21	0.19	0.21	0.30	0.31
蛋氨酸	0.04	0.10	0.10	0.10	0.10
赖氨酸	–	0.10	0.10	–	0.10
预混料	1.00	1.00	1.00	1.00	1.00
总计	100.00	100.00	100.00	100.00	100.00
代谢能（兆焦/千克）	11.51	11.65	11.59	11.77	11.50
粗蛋白	17.02	16.94	17.00	17.04	16.83
钙	2.00	2.00	2.00	2.00	2.00
非植酸磷	0.32	0.32	0.36	0.32	0.32
钠	0.15	0.15	0.15	0.15	0.15
氯	0.19	0.17	0.20	0.23	0.24
赖氨酸	0.78	0.88	0.83	0.79	0.86
蛋氨酸	0.34	0.39	0.40	0.36	0.36
含硫氨基酸	0.64	0.69	0.68	0.64	0.65

第五章 蛋鸡的饲料与营养

83

（四）常规饲料原料配制开产至高峰蛋鸡配方（表5-26）

表5-26　常规饲料原料配制开产至高峰蛋鸡配方

原料（%）	1	2	3	4	5
玉米	64.40	62.20	64.58	64.78	64.67
小麦麸	0.55	0.40	–	0.78	0.37
米糠饼	–	5.00	–	–	–
大豆粕	12.00	15.00	18.00	13.89	16.00
菜籽粕	3.00	–	–	–	3.00
麦芽根	–	–	1.28	–	–
花生仁粕	–	3.00	–	–	–
向日葵仁粕	3.00	–	–	–	–
玉米胚芽饼	–	–	1.66	–	–
玉米DDGS	–	–	–	3.00	–
啤酒酵母	–	–	–	4.00	–
玉米蛋白粉	3.00	–	–	–	3.00
鱼粉	3.62	4.00	4.00	3.00	2.24
氢钙	1.13	1.08	1.09	1.31	1.39
石粉	8.00	8.00	8.00	8.00	8.00
食盐	0.19	0.19	0.20	0.15	0.24
蛋氨酸	0.06	0.10	0.09	0.09	0.07
赖氨酸	0.05	0.03	0.10	–	0.02
预混料	1.00	1.00	1.00	1.00	1.00
总计	100.00	100.00	100.00	100.00	100.00
代谢能（兆焦/千克）	11.30	11.30	11.30	11.30	11.30
粗蛋白	16.50	16.50	16.50	16.50	16.50
钙	3.50	3.50	3.50	3.50	3.50
非植酸磷	0.49	0.49	0.49	0.50	0.50
钠	0.15	0.15	0.15	0.15	0.15
氯	0.18	0.18	0.19	0.16	0.20
赖氨酸	0.75	0.81	0.90	0.80	0.75
蛋氨酸	0.36	0.38	0.37	0.38	0.36
含硫氨基酸	0.65	0.65	0.65	0.65	0.65

第三节　蛋鸡饲料的选择与使用

目前，养殖市场上蛋鸡全价料浓缩饲料、预混料等很多，初养鸡者如何识别和使用显得尤其重要。

一、蛋鸡全价料

营养完全的配合饲料叫做全价饲料。该饲料内含有能量、蛋白质和矿物质饲料以及各种饲料添加剂等。各种营养物质种类齐全、数量充足、比例恰当，能满足蛋鸡生产需要，可直接用于蛋鸡喂养，一般不必再补充任何饲料。

二、蛋鸡浓缩饲料

（一）蛋鸡浓缩饲料的特点

浓缩饲料又称平衡用配合料，通常为全价饲料中除去能量饲料的剩余部分，一般占全价配合饲料的20%~40%。由添加剂预混料、蛋白质饲料、常用矿物质饲料（包括钙磷饲料、钠和氯）3部分构成。矿物质包括骨粉、石粉（钙粉）或贝壳粉；微量元素包括硫酸铜、硫酸锰、硫酸锌、硫酸亚铁、碘化钾、亚硒酸钠等；氨基酸、抗氧化剂、抗生素、蛋白质饲料以及多种维生素等。它是按照蛋鸡对蛋白质、维生素、微量元素、氨基酸等核心营养素所需的营养标准进行计算，采用现代化的加工设备，将以上原料充分混合而制成。养殖户为了降低饲料成本，可用谷实类或粮食加工类副产品等能量饲料配以浓缩饲料制成配合饲料，不需要再添加其他添加剂。市场上浓缩饲料有25%、40%等规格。

（二）浓缩饲料的正确应用

1.配足能量饲料

浓缩饲料是一种高蛋白质饲料，必须加入足够的能量饲料（如玉米、碎米、糠麸等）才能成为全价配合饲料。在配料时要注意糠麸用量控制在 10% 以下。因为在配制浓缩饲料时已经加入了足够需用的各种添加剂，若再额外添加不仅会造成成本增加，还可能导致中毒或抑制畜禽生长；因为浓缩饲料蛋白质含量较高，如果过多加入蛋白质饲料，蛋能比不平衡，会影响畜禽的生长。

2.正确配比稀释

使用浓缩饲料时，一定要按产品说明书推荐的比例正确稀释，建议采用逐级稀释法混合；即先取部分能量饲料与浓缩饲料拌匀，逐步扩大，最后加入全部能量饲料。若混合不均匀，轻者导致营养不良，严重时造成中毒。

3.浓缩料在蛋鸡日粮中的比例

根据产品说明书中营养含量和推荐的比例，一般来说可占 25%~40%。如雏禽日粮：玉米 60%、麦麸 5%、浓缩料 35%；育成蛋鸡日粮：玉米 65%、麦麸 10%、浓缩料 25%。

4.其他

养殖场规模较大、有简单的饲料加工设备，周边玉米价格较低、蛋白类原料不丰富时，可选择浓缩饲料。

三、蛋鸡预混料

（一）蛋鸡预混饲料的特点

全称为预混合饲料，是指由蛋鸡生长发育必需的各种单项维生素、微量元素以及人工添加的氨基酸等营养物质组成，是配合饲料的核心。

（二）蛋鸡预混料的正确应用

① 预混料不宜直接使用，需与能量和蛋白饲料一起混合，预混

料的添加量通常为 1%~5%。

② 可根据原料及推荐配方选用不同浓度的预混料，现在市场上预混料有 1%、3% 和 5% 等。

③ 预混料在畜禽日粮中比例很小，以其营养含量而异，例如雏禽，玉米 60%、麦麸 4%、饼粕 30%、预混料 6%；育成蛋鸡日粮，玉米 65%、麦麸 10%、饼粕 20%、预混料 5%。

④ 养殖场规模大、养殖人员专业技术高、饲料加工设备较先进、周边各种原料充足、交通便利的情况下可选择预混料。

第四节　养殖户自配蛋鸡饲料注意事项

农村养鸡户为了能充分利用本地饲料资源，有效降低饲养成本，可以自配饲料，需要掌握和注意以下几方面。

一、日粮配合的概念

单一饲料不能满足蛋鸡对营养素的全面需要，应按饲料配方的要求，选取不同数量的若干种饲料原料合理搭配，使其所提供的各种养分均符合蛋鸡饲养标准所规定的数量，这个步骤，称为日粮配合。

二、饲料配方设计的一般原则

设计饲料配方时要注意掌握饲料产品的 4 个特性，即营养性、生理性、安全性和经济性。

（一）营养性

饲料种类多样化，能量优先考虑，粗蛋白质、氨基酸、矿物质（包括食盐、钙、磷等）和维生素重点考虑。同时注意能量与蛋白质等营养素的合理搭配，使之尽量与饲养标准相符。

（二）生理性

鸡没有牙齿，特别是雏鸡对粗纤维的消化能力差，因此饲料中粗纤维的含量雏鸡不超过 3%，育成鸡和蛋鸡要控制在 7% 以内。雏鸡要多选用高能量、高蛋白的原料，忌用有刺激性异味、霉变或含有其他有害物质的原料；粉料不可磨得太细，否则鸡吃起来发黏，影响适口性，其粒度一般在 1.5~2 毫米为宜。

（三）安全性

遵循随用随配的原则，一般一次配 7~10 天日粮的量。混合饲料湿度较大，通气性差，时间过长会造成脂肪、维生素等营养物质的损失，特别是夏季，高温高湿极易发霉变质。饲料存放要保证室内通风、避光、干燥、防鼠、防污染。袋装饲料要离地离墙堆放，最好用木架搭空离地 20 厘米以上，饲料堆放不要堆压过高过重。

抗菌药物的选择要符合我国在饲料中允许使用的抗生素类药物规定。养殖户可以根据当地中草药分布情况，选择合适的抗菌中草药如金银花、野菊花、蒲公英、鱼腥草、紫花地丁、苍术、姜黄、大蒜、大葱叶等作为添加剂。

（四）经济性

要因地制宜，尽量选用营养丰富、价格低廉、来源方便的原料进行配合，以降低饲养成本。

三、饲料配方设计步骤

制定饲料配方，至少需要两方面的资料：蛋鸡的营养需要量和常用饲料营养成分含量。试差法是一种实用的饲料配方方法，对于初养鸡者及没有学习过饲料配方的人员较容易掌握，只要了解饲料原料主要特性并且合理利用饲养标准，就可在短时间内配制出实用、廉价、效果理想的饲料配方。

假设养殖场有玉米、豆饼、花生粕、棉粕、鱼粉、麦麸、磷酸氢钙、石粉、食盐、赖氨酸（98%）、蛋氨酸（99%）、0.5%复合预混料等原料，为0~8周龄的罗曼蛋雏鸡设计配合饲料。

（一）查标准，定指标

查罗曼蛋鸡的饲养标准，确定0~8周龄的罗曼蛋雏鸡的营养需要量。蛋鸡的营养需要中考虑的指标一般有代谢能、粗蛋白质、钙、有效磷、蛋＋胱氨酸、赖氨酸（表5-27）。

表5-27　0~8周的罗曼蛋雏鸡的饲养标准

代谢能（兆焦/千克）	粗蛋白（%）	钙（%）	总磷（%）	有效磷（%）	蛋＋胱氨酸（%）	赖氨酸（%）
11.91	18.50	0.95	0.7	0.45	0.67	0.95

（二）根据原料种类，列出所用饲料的营养成分

在我国一般直接选用《中国饲料成分及营养价值表》中的数据即可。对照各种饲料原料列出其营养成分含量（表5-28）。

表5-28　饲料的营养成分含量

饲料	代谢能（兆焦/千克）	粗蛋白质（%）	钙（%）	总磷（%）	有效磷（%）	蛋＋胱氨酸（%）	赖氨酸（%）
玉米	13.56	8.7	0.02	0.27	0.1	0.38	0.24
麦麸	6.82	15.7	0.11	0.92	0.3	0.39	0.58
豆粕	9.83	44.0	0.33	0.62	0.18	1.30	2.66
花生粕	10.88	47.8	0.27	0.56	0.33	0.81	1.40
棉粕	8.49	43.5	0.28	1.04	0.36	1.26	1.97
鱼粉	12.18	62.5	3.96	3.05	3.05	2.21	5.12

（三）初拟配方

参阅类似配方或自己初步拟定一个配方，配比不一定很合理，但原料总量接近100%。根据饲料原料的具体情况，初拟饲料配方并计算营养物质含量。

　　根据经验，雏鸡饲料中各类饲料的比例一般为：能量饲料65%~70%，蛋白质饲料25%~30%，矿物质饲料等3%~3.5%（包括0.5%复合预混料）。初拟配方时，蛋白质饲料按27%估计，棉粕适口性差并含有毒素，占日粮的3%；花生粕定为2%，鱼粉价格较高，占日粮的3%，豆粕则为19%；玉米充足，占日粮的比例较高，为65%；小麦麸粗纤维含量高，占日粮的5%；矿物质饲料等3%。

　　一般配方中营养成分的计算种类和顺序是：能量→粗蛋白质→钙→磷→食盐→氨基酸→其他矿物质→维生素。计算各种原料营养素的含量方法：各种原料营养素的含量 × 原料配比，然后把每种原料的计算值相加得到某种营养素在日粮中的浓度。先计算代谢能与粗蛋白质的含量（表5-29）。

表5-29　代谢能与粗蛋白质的含量

原料	比例（%）	代谢能（兆焦/千克）		粗蛋白质（%）	
		原料中	饲粮中	原料中	饲粮中
玉米	65	13.56	13.56×0.65=8.814	8.7	8.7×0.65=5.66
麦麸	5	6.82	6.82×0.05=0.341	15.7	15.7×0.05=0.785
豆粕	19	9.83	9.83×0.19=1.868	44	44×0.19=8.36
花生粕	2	10.88	10.88×0.02=0.218	47.8	47.8×0.02=0.956
棉粕	3	8.49	8.49×0.03=0.255	43.5	43.5×0.03=1.305
鱼粉	3	12.18	12.18×0.03=0.365	62.5	62.5×0.03=1.875
合计	97		11.86		18.94
标准			11.92		18.5
与标准比较			-0.06		+0.44

　　以上饲粮，和饲养标准相比，代谢能偏低，需要提高代谢能，降低粗蛋白质。

（四）调整配方

　　方法是用一定比例的某一种原料替代同比例的另外一种原料。计算时可先求出每代替1%时，饲粮能量和蛋白质改变的程度，然后根据第三步中求出的与标准的差值，计算出应该代替的百分数。用能量高和粗蛋白质低的玉米代替豆粕，每代替1%可使能量提高（13.56-9.83）×1%=0.0373兆焦/千克，粗蛋白质降低（44-8.7）×1%=0.353%。要使粗蛋白质含量与标准中的18.5%相符，需要降低豆粕比例为（0.44/0.35）×100%=1.3%，玉米相应增加1.3%。调整配方后代谢能与粗蛋白质的含量见表5-30。

表5-30　代谢能与粗蛋白质的含量

原料	比例（%）	代谢能（兆焦/千克）		粗蛋白质（%）	
		原料中	饲粮中	原料中	饲粮中
玉米	66.3	13.56	13.56×0.663=8.814	8.7	8.7×0.663=5.768
麦麸	5	6.82	6.82×0.05=0.341	15.7	15.7×0.05=0.785
豆粕	17.7	9.83	9.83×0.177=1.74	44	44×0.177=7.78
花生粕	2	10.88	10.88×0.02=0.218	47.8	47.8×0.02=0.956
棉粕	3	8.49	8.49×0.03=0.255	43.5	43.5×0.03=1.305
鱼粉	3	12.18	12.18×0.03=0.365	62.5	62.5×0.03=1.875
合计	97		11.91		18.47
标准			11.92		18.5
与标准比较			-0.01		-0.03

（五）计算矿物质和氨基酸含量

用上表计算方法得出矿物质和氨基酸含量（表5-31）。

表5-31　矿物质和氨基酸含量

原料	比例（%）	钙（%）	总磷（%）	有效磷（%）	蛋+胱氨酸（%）	赖氨酸（%）
玉米	66.3	0.0133	0.179	0.0663	0.2519	0.1591
麦麸	5	0.0055	0.046	0.015	0.0195	0.029
豆粕	17.7	0.0584	0.1097	0.0318	0.2301	0.4708
花生粕	2	0.0054	0.0112	0.0066	0.0162	0.028
棉粕	3	0.0084	0.0312	0.0108	0.0378	0.0591

续表

原料	比例 （%）	钙 （%）	总磷 （%）	有效磷 （%）	蛋＋胱氨酸 （%）	赖氨酸 （%）
鱼粉	3	0.1188	0.0915	0.0915	0.0663	0.1536
合计	97	0.21	0.468	0.222	0.6218	0.8996
标准		0.95	0.7	0.45	0.67	0.95
与标准比较		−0.74	−0.232	−0.228	−0.0482	−0.0504

和饲养标准相比，钙、磷、蛋＋胱氨酸、赖氨酸都不能满足需要，需要补充。钙比标准低0.74%，磷比标准低0.232%；蛋＋胱氨酸比标准低0.0482%，赖氨酸比标准低0.0504%。因磷酸氢钙中含有钙和磷，先用磷酸氢钙补充磷，需要磷酸氢钙0.232%÷16%=1.45%。1.45%的磷酸氢钙可为饲粮提供21%×1.45%=0.305%的钙，钙还差0.74%−0.305%=0.435%，用含钙36%的石粉补充，需要石粉0.435%÷36%=1.2%。市售的赖氨酸实际含量为78.8%，添加量为0.0504%÷78.8%=0.06%；蛋氨酸纯度为99%，添加量为0.0482%÷99%=0.05%。

（六）补充各种添加剂

预配方中，各种矿物质饲料和添加剂总量为3%，食盐按0.3%，复合预混料按0.5%添加，再加上磷酸氢钙＋石粉＋赖氨酸＋蛋氨酸的总量为3.56%，比预计的多出0.56%，可以将麸皮减少0.56%。

（七）确定配方

最终配方见表5-32。

表5-32　最终配方及主要营养指标

饲料	比例（%）	营养指标	含量
玉米	66.3	代谢能（兆焦/千克）	11.91
麦麸	4.44	粗蛋白质（%）	18.5
豆粕	17.7	钙（%）	0.95

饲料	比例（%）	营养指标	含量
花生粕	2	总磷（%）	0.7
棉粕	3	有效磷（%）	0.45
鱼粉	3	蛋+胱氨酸	0.67
石粉	1.2	赖氨酸（%）	0.95
磷酸氢钙	1.45		
食盐	0.30		
蛋氨酸	0.05		
赖氨酸	0.06		
预混料	0.5		
合计	100		

第五节　鸡场饲料管理控制技术

　　饲料是鸡群正常生长和维持生产性能的基础，因此，在日常管理中加强饲料的选择、运输储存、饲喂等管理，可以最大限度地保证鸡群健康、生产性能并降低饲养成本。

一、饲料选购

（一）注意生产厂家的资质

　　正规饲料生产企业具备有效的饲料生产企业审查合格证或生产许可证；饲料标签上标明"本产品符合饲料卫生标准"，此外还应该明示饲料名称、饲料成分分析保证值、原料组成、产品标准编号（国标或企标）、加入药物或添加剂的名称、使用说明、净含量、生产日期、保质期、审查合格证或生产许可证的编号及质量认证（ISO9001、HACCP或ISO22000、产品认证）等12项信息。

（二）饲料选择

1. 根据饲料种类选择

养殖场（户）可根据生产规模、设备、周边原料的种类、质量、价格及运输等因素选择配合料、浓缩料或预混料。

一般养殖场规模小，距离饲料场近可选择配合饲料；养殖场规模较大、有简单的饲料加工设备，周边玉米价格较低，蛋白类原料不丰富时可选择浓缩饲料；养殖场规模大，饲料加工设备较先进、周边各种原料充足、交通便利的情况下可选择预混饲料。浓缩饲料和预混饲料选择时可根据原料及推荐配方选用不同的浓度，现在市场上浓缩饲料有25%、40%等，预混合料有1%、3%和5%等。

2. 饲料的营养水平

根据鸡群生长的不同时期对各种营养素的需要不同，要选择能够满足当时鸡群营养需要的饲料。一般情况下，0~6周龄选择育雏料（蛋小鸡料），7~15周龄选择育成料（蛋中鸡料），16周至5%开产期间选择预产期料（开产前期料），鸡群达到5%~85%产蛋率时选择产蛋高峰料，产蛋高峰过后选择高峰后期料。

3. 药物添加剂使用

饲料中添加抗球虫类、抗生素类等药物应是国家允许的品种和剂量，即符合《饲料和饲料添加剂管理条例》《饲料药物添加剂使用规范》等国家、行业相关法律法规规定，以保证鸡肉、鸡蛋的安全。

二、饲料的运输与贮存

运输车辆使用前应进行清扫消毒，保证无鸡毛、鸡粪等各种杂物，避免与有毒有害及其他污染物混装。运输途中注意防护，避免因雨淋、受潮等引起饲料发霉变质。运输车辆禁止进入生产区，饲料运到养殖场后要熏蒸消毒，由专用车辆转运至鸡舍。

料间或料塔应具备隔热、防潮功能，每次进料前对残留饲料或者其他杂物进行清扫和整理，用3克/米^{3}强力熏蒸粉熏蒸20分钟；储存期间做好防鼠、防鸟和防虫工作，减少污染和浪费。

三、饲料的饲喂

遵循"少喂勤添"的原则，一般每天可喂料 4 次（上午、下午各 2 次），每次喂料最好不超过料槽厚度的 1/3。为了增加采食量，每次喂料后及时匀料，夏季可在晚上关灯前及早晨开灯后补饲。此外，在雏鸡引进、换料、鸡群染病等特殊时期进行不同的饲喂管理。

1. 雏鸡引进

雏鸡进场后应该先饮水后开食，在保证采食点充足的情况下少喂、勤添，人员充足时可 2 小时添料 1 次。为了增加采食量可饲喂颗粒料，也可 1~3 天饲喂潮拌料（应即拌即喂），一般料水比例为 50：15，以手握成团，松手能自由散开为宜。

2. 换料管理

换料时除考虑鸡群日龄和生产性能外，还要关注鸡群骨骼发育及体重，以保证鸡群生产潜能的发挥。如京红 1 号，8 周龄体重达到 680 克，胫骨长达到 80 毫米，就可以更换成育成料；18 周龄时体重 1 550 克，且产蛋率达到 5% 时，就可以更换成高峰料。

换料时应采用"渐进式"的方法。如育成料更换成预产期料：先用 1/3 育成料 +2/3 预产期料混合饲喂 2 天，然后用 1/2 育成料 + 1/2 预产期料饲喂 2 天、1/3 育成料 +2/3 预产期料饲喂 3 天后，全部调整为预产期料。换料前后，最好每天准确测量鸡只耗料量，如果采食量下降，要及时采用匀料、饲料潮拌等方法刺激采食，增加采食量；为减小换料对鸡群的应激，可在饲料中适当添加维生素 C 或水溶性多维。

3. 鸡群异常

日常加强巡视和称重，及时淘汰病残鸡和无饲养价值的鸡只；挑出鸡冠发育不良和体重不达标的鸡只单笼饲养，并在饲料中连续添加 1%~2% 植物油 3~7 天，以"少量多次"的方式促进采食，增加体重。当鸡群染病时，可根据疾病采取相应的管理措施。如鸡法氏囊对肾脏造成损害，代谢的压力加大，饲喂时需要降低饲料的蛋白含量，同时添加营养和通肾利尿的药物；鸡群发生啄肛、啄羽现象，排除

管理和光照的原因后，饲喂时调整氨基酸平衡，适当增加粗纤维、锌等的比例；鸡群软壳蛋超过总数的1%时，可在饲料中增加钙粉的含量，同时添加维生素 AD_3 粉以促进钙的吸收。总之，鸡群异常时更要关注饲料的营养和采食量，以提高鸡群体质，增强抵抗力。

4. 饲料异常

当饲料中添加较多的骨粉、羽毛粉或饲料发霉变质时，会产生腥臭味或霉味，应立即停止饲喂并尽快准备优质饲料，避免鸡群拒食或引起霉菌毒素中毒造成更加严重的损失。

第六章
蛋鸡饲养管理技术

第一节　优质初生雏鸡的选择与培育

一、了解雏鸡的生理特点与生活习性

0~6周龄雏鸡为育雏期，其生理特点和生活习性概括如下。

① 体温调节机能差，适宜的育雏温度是雏鸡健康和正常发育的保证。

② 生长发育迅速，代谢旺盛，营养要全面、空气应新鲜。

③ 消化器官容积小、消化能力弱。必须选质量好、易消化、营养高的全价饲料。

④ 抗病力差，管理要细心、环境要舒适。

⑤ 敏感性强。需要安静的环境，避免新奇的颜色，防止鼠、雀、兽等动物进入鸡舍。

总之，根据雏鸡生理特点和生活习性，采用科学的饲养管理措施，创造良好的环境，防止各种疾病发生，是提高雏鸡成活率的关键。

二、做好雏鸡的选择与运输

育雏前要准备好保温设备、饲槽、饮水器、水桶、料桶、温湿度计、扫帚、清粪工具、消毒用具，另外，根据实际情况添置需要的用具。

若是笼养育雏，还要准备专用的育雏笼。针对农村土鸡养殖，育雏笼也可就地取材自制，便于雏鸡采食、饮水和饲养人员管理操作即可。

（一）初生雏鸡的选择

可归纳为"看、听、摸、问"4个字。

1.看雏鸡的精神状态

健雏活泼好动，眼亮有神，绒毛光亮，腹部收缩好；弱雏常缩头闭眼，伏卧不动，绒毛蓬乱不洁，腹大松弛，腹部无毛且脐部愈合不好，有血迹、发红、发黑、钉脐、丝脐等（图6-1和图6-2）。

图6-1　腹部未很好收缩的雏鸡　　　图6-2　健康的雏鸡

2.听雏鸡的叫声

健雏洪亮清脆；弱雏微弱，嘶哑，有气无力。

3.摸雏鸡的腹部

健雏腹部柔软平坦，挣扎有力；鸡身较凉、轻飘，腹大或脐部愈合不良的是弱雏。

4.问种蛋来源、孵化情况及马立克氏疫苗注射情况等

来源于高产健康适龄种鸡群的种蛋，孵化过程正常，出雏多且齐的雏鸡一般质量较好。反之，雏鸡质量较差。

（二）雏鸡的运输

1.选择好运雏人员

运雏人员必须具备一定的专业知识和运雏经验，还要有较强的责任心，最好是饲养者亲自押运。

2. 准备好运雏工具及途中注意事项

运雏用的工具包括交通工具（图6-3）、装雏箱及防雨保温用品等。不论采用何种交通工具，运输过程既要保温又要通风良好，途中要经常观察，注意装雏箱与雏鸡的情况。装雏用具要使用专用雏鸡箱，最好购买一次性运雏箱（图6-4）。每箱放雏100只，夏季放雏80只。所有运雏用具和物品都要经过严格消毒之后方可使用。

图6-3 雏鸡的运输

图6-4 雏鸡专用箱

3. 适宜的运雏时间

初生雏鸡体内还有少量未被利用的蛋黄，可以作为初生阶段的营养来源，所以雏鸡在48小时内可以不饲喂，这是一段适宜运雏的时间，此外还应根据季节和天气确定启运时间，夏季运雏宜在日出前或傍晚凉快时间进行，冬天和早春则宜在中午前后气温相对较高的时间启运。

4. 进舍后雏鸡的合理放置

先将雏鸡数盒一摞放在地上，最下层要垫一个空盒或是其他东西，静置半小时左右。让雏鸡从运输的应激状态中缓解过来，同时适应一下鸡舍的温度环境，然后再分群装笼。

三、育雏前的准备工作

提前培训饲养人员，以便掌握基本的饲养管理知识和技术。育雏人员在育雏前1周左右到位并着手工作。

（一）拟定育雏计划

首先，要确定育雏的数量规模，即确定全年总共育雏的数量，分几批育雏及每批的规模。其次，要选择育雏的季节，不同规模养殖场，选择的依据各不同。大型养殖场，为充分利用育雏舍和育成舍，常年定期育雏；小规模养殖场，育雏季节的选择要依据既有利于育雏管理，又要使产蛋高峰尽量避免高温季节而又处于蛋价最好季节。

（二）完成具体的准备工作

1. 房舍

无论改造旧房舍或新建育雏室，都必须根据已定的育雏规模及合理的育雏密度，准备足够的育雏面积，要求育雏室保温良好，便于通风、清扫、消毒及饲喂操作。无论采用什么热源，保温设备都必须事先检修好，进雏前经过试温，确保无任何故障。

2. 饲料

每批育雏之前，应按计划将该批鸡的全部饲料落实，并要保证品质良好，不霉变。

3. 药品

常用药品应有适量的备用品。消毒药如煤酚皂、新洁尔灭、烧碱、生石灰、高锰酸钾、甲醛等；用以防治白痢病、球虫病的药物如氯苯胍、土霉素、吉霉素等；免疫程序规定所用的疫苗必须提前订购，或者承包给某兽医站按时免疫接种。

4. 人员

要选择认真细心、吃苦耐劳、责任心强，具有一定养鸡知识或经验的人从事育雏管理工作，事先还应经过适当的专门训练。

5. 消毒与试温

每批鸡转出后，先扫出粪便及垫料，铲净、清扫、水冲、刷洗干净，对地面及1米以下的墙壁用8%~10%的熟石灰水或1%的烧碱水喷洒或涂刷（图6-5和图6-6），再对笼架、底网、侧网及料槽进行火焰消毒。待水干后，密封房舍，熏蒸消毒。方法：铺垫料，摆好设备用具，密闭门窗，按每立方米空间用福尔马林（40%的甲醛溶液）30毫升、高锰酸钾15克的剂量，将药在搪瓷或陶瓷器皿中混合，密闭房舍，经过24小时的消毒后，开门窗排出气味即可。消毒后育雏室内不得随便进出人员，而应提前预温，升温至33~35℃时，即可等候接雏养育。

图6-5 消毒的药品与器具

图6-6 消毒用具与方法

四、采取合适的育雏方式

人工育雏的方式可概括分为平面和立体两类。

（一）平面育雏

只在室内一个平面上养育雏鸡的方式，称为平面育雏，主要分为地面平养和网上育雏。

1. 地面平养

采用垫料，将料槽（或开食盘）和饮水器置于垫料上，用保温伞或暖风机送热或生炉子供热，雏鸡在地面上采食、饮水、活动和休息（图6-7和图6-8）。

地面平养简单直观，管理方便，特别适宜农户饲养。但因雏鸡长

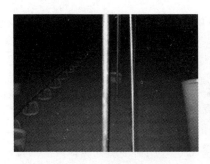

图6-7 地面平养场地　　　图6-8 地面平养供热锅炉

期与粪便接触，容易感染某些经消化道传播的疾病，特别易暴发球虫病。地面平养占地面积大，房舍利用不经济，供热中消耗能量大，选择准备垫料工作量大。所以农户都趋于采用网上平养。

2. 网上育雏

即是用网面代替地面来育雏。一般情况网面距地面高度随房舍高度而定，多为60~100厘米。网的材料最好是铁丝网，也可是塑料网。网眼大小以育成鸡在网上生活适宜为宜，网眼一般为1.25厘米×1.25厘米（图6-9）。

图6-9 网上育雏场地

网上育雏的优点是可节省大量垫料，雏鸡不与粪便接触，可减少疾病传播的机会。但因鸡不与地面接触，也无法从土壤中获得需要的微量元素，所以提供给鸡的营养要全价足量，不然易产生某种营养缺乏症。因网上平育的饲养密度比地面平育增加10%~15%，故应注意舍内的通风换气，以便及时排出舍内的有害气体和多余的湿热。加热方式用热水管或热

图6-10 网上育雏加热

风，也可用前面所述各种热源（图6–10）。

（二）立体育雏

立体育雏也称笼育雏，就是用多层育雏笼或多层育雏育成笼养育雏鸡（图6–11和图6–12）。育雏笼一般3~5层，多采用叠层式。随着饲养方式的规模化、集约化，现代养鸡场一般都采用立体育雏。每层笼子四周用铁丝、竹竿或木条制成栅栏。饲槽和饮水器可排列在栅栏外，雏鸡通过栅栏吃食、饮水，笼底多用铁丝网或竹条，鸡粪可由空隙掉到下面的承粪板上，定期清除。育雏室一般采取整体供暖。

图6–11　立体育雏笼

图6–12　改造的育雏笼

立体育雏除具备网上育雏的优缺点外，能更有效地利用育雏室的空间，增加育雏数量，充分利用热源，降低劳动强度；对鸡的观察和接近容易，可有效控制鸡白痢与球虫病的发生和蔓延。当然立体育雏需较高的投资，对饲料和管理技术要求也更高。

五、掌握雏鸡的培育技术

雏鸡培育是鸡养殖环节中一项细致而重要的工作，雏鸡培育得好坏直接影响雏鸡的生长发育、成鸡的生产力和经济效益。必须根据雏鸡的生理特点制定育雏期饲养管理的措施。

（一）育雏的基本条件

1.适宜的环境温度

雏鸡对温度要求较高，如果育雏是养蛋鸡的关键，那么温度就是育雏的关键。温度合适时雏鸡均匀分布在育雏笼内，活泼有神，食欲旺盛；温度低时雏鸡扎堆，甚至挤压伤亡、卵黄吸收不良，体质软弱、发育迟缓、易诱发啄癖，常发出叽叽叫声；温度过高，雏鸡张口喘息，或头朝下伏在笼边。育雏期的温度要求见表6-1。

表6-1　育雏期要求的温度　　　（℃）

育雏时间	第1周	第2周	第3周	第4周	第5~6周
育雏温度	35→33	33→31	31→28	28→25	25→22

在具体执行时还要根据雏鸡对温度的反应情况和环境气候状况进行看鸡施温。特别注意温度计距离热源远近和育雏笼上下层之间温度的差异，防止局部过热或过冷。雏鸡日龄越小，对温度的稳定性要求越高。因此初期昼夜温差应在2℃以内，后期可以放宽，但不应超过5℃。对体重偏轻、体质弱、运输途中初期伤亡大的雏鸡群温度应略提高，稳定性应高。因为雏鸡夜间活动量小，温度应比白天高1~2℃。断喙、接种疫苗等给鸡群造成应激时，应提高育雏室温度。

夏季若白天在30℃以上，可不加温，但夜间必须补温，一周之后即可撤炉；夏季育雏更需要及时注意降温，高温条件下育雏采食量偏低，弱雏多。

2.保持适宜的环境湿度

适宜的环境湿度是育雏成功的必要条件之一。雏鸡初期环境湿度应控制在60%~70%。其原因是雏鸡呼吸较快，如果空气过

图6-13　干湿温度计

于干燥，吸进的水分少于呼出的水分，失去的水分靠增大饮水量来补充，就会影响体内正常的生理活动和消化吸收。环境湿度可以用干湿温度计来测定（图6-13）。

初期湿度较高可以缓解并改善雏鸡失水和脱水状况，避免因失水造成的绒毛枯萎脱落、脚趾干瘪等现象，能提高雏鸡成活率。提高湿度可以靠地面撒水，加热水散发蒸汽来解决，也可结合带鸡消毒和加湿同时进行。育雏后期环境湿度应控制在50%~60%。因为随着雏鸡成长，新陈代谢逐渐旺盛，呼出的水气也增加鸡舍的湿度，另外粪便、水槽也蒸发水分，这些都容易增大湿度。湿度大，细菌不易杀灭，就会增加雏鸡感染疾病的机会。减轻湿度可以靠通风换气、勤清粪等方法，不要仅用往地面撒干石灰面的方法来减轻湿度，石灰扬起的细尘刺激呼吸道，容易诱发上呼吸道病。

3. 保持适当的通风换气

育雏期的通风和保温是一对矛盾，特别是冬季，它要求我们既要通风和换气，又要保持舍内适宜的温度。育雏前期应以保湿为主，兼顾通风换气。在室温不高而又需通风换气时，应安排在中午或下午，且每次通风时间不宜过长。育雏后期应以通风为主，兼顾保温。鸡舍内有害气体含量的最高限度，以人进鸡舍没有刺激眼睛和呛鼻的臭味为原则。育雏前期一般用风斗或天窗通风换气，育雏后期则应借助于排风扇。在保温的同时应注意预防煤气中毒，加强通风换气有利于预防呼吸道及其他疾病的发生。通风换气时一要注意不要将冷空气直接对着雏鸡吹；二要注意每次换气后要及时提高室温，避免室温忽高忽低。

4. 掌握合适的饲养密度

雏鸡的饲养密度是指育雏室内每平方米的雏鸡数。密度与育雏室内空气的状况与鸡群中恶癖的产生有着直接关系。鸡群密度过小，房舍及设备利用率降低，成本提高，经济效益下降；饲养密度过大，会给雏鸡的生长发育带来不利影响。这是因为：水、食槽的长度有限，难以满足全部鸡同时采食，弱雏受壮雏的欺负，只能等壮雏吃完之后再吃，这样壮雏更壮，弱雏更弱，影响群体均匀度；密度过大，饲

料环境恶化，就会消弱鸡的抗病力，也容易引起雏鸡烦躁，形成啄癖（表6-2）。

表 6-2 合适的饲养密度 （只/米²）

周龄	第1周	第2周	第3~4周	第4~16周
饲养密度	30	25	15	10

5. 控制好光照的时间和强度

人工光照的要求有两方面：光照的时间和强度。蛋鸡光照原则：育成阶段0~18周龄，不可延长光照时间；8~17周龄10~12小时最佳；性成熟光刺激阈值为12小时；产蛋阶段19周龄到淘汰，不可缩短光照时间，最佳产蛋光照时间是恒定在15~17小时。

开放式鸡舍的光照强度根据日照和季节的不同应该有两种程序：在日照逐渐缩短的季节里，采用渐减法，即光照时间在前3天23个小时，以后每天减少15~30分钟，最后达到自然光照，并接轨于日照渐减。在日照逐渐延长的季节里采用恒定法，即首先查出20周龄的自然光照时数，光照时间在前3天23小时，逐渐减少到20周龄的自然光照时数并恒定这一光照时间一直到20周龄。无论采用哪种光照程序，光照时间都应逐渐减弱，建议第一周每平方米20瓦，第二周每平方米15瓦，从第三周开始逐步降至每平方米5~10瓦。雏鸡的光照应注意：经常清除灯泡上的灰尘并及时换下坏灯泡；三周后应采用弱光，以防止各种恶癖；补充光照不要时长时短，以免造成光照刺激紊乱，失

图6-14 适宜的雏鸡光照

去应有的作用；黑暗时间内避免工作或漏光等（图6-14）。

（二）雏鸡的饲养管理

1. 雏鸡的初饮和饮水

出壳后雏鸡第一次饮水为初饮，一般在出壳后 12 小时内给予。饲养雏鸡应先饮水后开食，这样有促进肠道蠕动、吸收残留卵黄、排除胎粪、增进食欲、有利于开食的效果。初饮时在水中加 3% 葡萄糖，12 小时后添加多维素、电解质营养液，会有良好的效果。幼雏初饮后，无论何时都不应断水。

水分在雏鸡体中占 70%~80%，它对饲料的消化吸收、物质代谢和体温调节等方面起着重要作用。如果不能供给雏鸡充足的水分，容易使雏鸡脱水，会有不同程度的伤亡。饮水时水温要接近室温，一般用 30~40℃的温开水（图 6-15）。

图 6-15　雏鸡饮水

2. 雏鸡的开食和喂料

雏鸡第一次吃食称为开食，开食应在初饮后 3~4 小时，一般于出壳后 24~26 小时进行。开食时间最好安排在日光充足的白天，便于人工训练采食。1~2 日龄雏鸡应喂给一些掺有小米、玉米的全价配合饲料（图 6-16）。可以喂干料，也可以喂湿料。喂湿料时掌握的湿度以能用手抓成团，落地即散为宜。前几天喂料时饲料应撒在反光性

图 6-16　雏鸡的开食料

图 6-17　开食的雏鸡

强的硬纸上，如报纸、蛋托等，注意要以每只鸡都能吃到为原则（图6-17）。一般每2~3小时喂一次料，每次喂量应掌握在喂后20~30分钟吃完为宜，育雏前期应掌握"少喂勤添八成饱"的原则。剩料要及时清除，以便弱鸡能得到较好的照顾；喂料的地方光线应充足，以利每只鸡都能看到采食；开食后要经常检查鸡嗉囊是否充满，雏鸡大部分会本能地啄食，对未采食的雏鸡要强制开食。在雏鸡阶段应按鸡种的耗料量，按计划平均供给，每只鸡的采食量应大体平均，以确保日后的均匀度。雏鸡阶段应采用计量不限量的供料原则。

3. 育雏期的管理

（1）断喙　就是切去鸡嘴的一部分，可以有效防止啄癖的发生，减少饲料浪费，且不影响采食。一般断喙时间在7~10日龄。方法是：上喙断去1/2，下喙断去1/3，呈上短下长状（图6-18和图6-19）。

图6-18　雏鸡断喙　　　　　　图6-19　断喙前后的雏鸡

（2）密度　适当的密度是保证鸡群健康、生长发育良好的一个重要条件。密度过大，雏鸡活动范围内的有害气体增多，会影响雏鸡生长发育，增加死亡率；密度太小，会减少鸡笼鸡舍的利用率。合理的密度：1~2周龄50~60只/米^2；3~4周龄40~50只/米^2；5~6周龄30~40只/米^2。

（3）温度　1日龄雏鸡要求35℃，以后每5天降低1℃，35~42日龄时达到20~22℃。一般第一周33~35℃，第二周31~33℃，第三周28~31℃，第四周24~28℃，以后夏天降低到室温即可，冬天逐渐降低到20℃左右，不低于18℃。具体执行时还要根据雏鸡对温度的反应情况看鸡施温。如发现鸡倦怠、气喘、虚脱，表示温度过高；如果挤作一团，吱吱鸣叫表示温度过低。

（4）湿度　育雏要有合适的温湿度，雏鸡才会感到舒适，发育正常。一般育雏舍适宜的相对湿度为10日龄前60%~70%，10日龄后55%~60%。随着雏鸡日龄增长，10日龄以后，呼吸量与排粪量也相应增加，室内容易潮湿，因此要注意通风，勤换垫料，保持室内清洁。湿度控制的原则是前期不能过低，后期应避免过高。

（5）通风　有害气体影响鸡群健康，尤其是冬季，为了保温将鸡舍封闭过严，导致鸡舍氧气含量下降，氨气和二氧化碳含量增高，影响鸡食欲和生长。为解决通风与保温的矛盾，一般通风前可适当提高舍温（2℃）。通风时切忌过堂风、间隙风，以免雏鸡受寒感冒。可调节温度、湿度和空气流速，排出尘埃和有害气体，保持空气新鲜，降低鸡的体表温度等。应注意观察鸡群，以鸡群的表现及舍内温度的高低决定通风的次数和时长。

（6）光照　光照除影响采食、饮水、性成熟外，还有杀菌消毒作用。1~3日龄每天光照23小时，4~14日龄18小时，以后每周缩短1小时，到20周龄时，可将光照缩短到10小时。光的颜色以红色或白炽光为好，能防止和减少啄羽、啄肛、殴斗等恶癖的发生。光照强度一般可用15瓦或25瓦灯泡，高度距地面2~4米，灯泡应交错设置。原则上第1周光照强，第2周以后避免强光照，照度以鸡能看到采食为宜。

（7）分群　为提高雏鸡健康生长，减少发病，提高成活率，应该适时疏散分群。分群时间应根据密度、舍温等情况而定。一般4周龄第一次分群，根据强弱、大小分群，将原饲养面积扩大1倍。

（8）疫苗免疫　应根据具体制定的免疫程序及时免疫（图6-20）。

（9）环境卫生管理　应做到：①实行全进全出饲养方式，

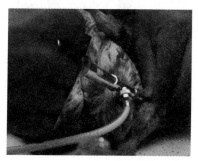

图6-20　蛋鸡注射免疫

严格实行隔离饲养。同一栋鸡舍养不同批次的鸡，尤其雏鸡、成鸡混养的方式难以保证疫病不传染。② 饲养员不应雏鸡、成鸡兼喂。在劳动力不足的情况下必须兼喂的，进雏鸡舍前也应更换鞋和工作服，有条件的应每日消毒并谢绝闲人入舍。③ 及时清除鸡粪，注意通风换气，减少异味。④ 夏秋季节应每天刷洗一遍水食槽，冬季也不少于两天一遍，尽量不要让雏鸡吃隔夜料，喝隔夜水。⑤ 定期喷洒"百毒杀""威力碘"之类的消毒剂，提倡带鸡消毒。⑥ 按防疫程序做好免疫接种，定期服用预防性抗菌类药物。

（10）保持环境安静　雏鸡喜群居，胆小怕受惊，各种惊吓和环境条件突然改变，都会影响其生长发育，因此，保持环境安静，确保其生长良好。

（三）雏鸡的培育目标

食量正常，与该鸡种生长期饲料消耗标准接近，精神活泼，反应灵敏，羽毛紧凑而富有光泽；雏鸡健康，未发生或蔓延传染病，特别是烈性传染病；成活率高，一般 0~6 周龄育雏期死亡率不超过 5%，较好水平不应超过 2%；生长发育正常，要对照该品种生产性能中的体重标准，随时检查和纠正缺点，培育出体重符合标准、骨骼发育良好、胸骨结实、胫骨达标、羽毛丰满、肌肉发达而脂肪不多的雏鸡。

第二节　育成蛋鸡的饲养管理技术

一、优质育成母鸡的质量标准要求

优质母鸡的育成期要求未发生或蔓延烈性传染病，体质健壮，体型紧凑似"V"字形；精神活泼，食欲正常，体重和骨骼发育符合品种要求且均匀一致，胸骨平直而竖实，脂肪沉积少而肌肉发达，适时达到性成熟；初产蛋重较大，能迅速达到产蛋高峰且持久性好。20 周龄时，高产鸡群的育成率应能达到 96%。

二、提供适宜的环境条件

育成鸡的健康成长与生长发育以及性成熟等无不受外界环境条件的影响，特别是现代养禽生产，在全舍饲、高密度条件下，环境问题变得更为突出。

（一）适宜的密度

为使育成鸡发育良好，整齐一致，须保持适中的饲养密度（表6-3），密度大小除与周龄和饲养方式有关外，还应随品种、季节、通风条件等而调整。

表6-3　育成鸡的饲养密度　　　　　　　　　　（只／米²）

周龄	地面平养	网上平养	半网栅平养	立体笼养
6~8	15	20	18	26
9~15	10	14	12	18
16~20	7	12	9	14

注：笼养所涉及的面积是指笼底面积。

（二）适宜的光照

在饲料营养平衡的条件下，光照对育成鸡的性成熟起重要作用，必须掌握好，特别是10周龄以后，要求光照时间应短于12小时。并且时间只能缩短而不能增加，强度也不可增强，具体的控制办法见上一节"雏鸡的管理"部分。

（三）适当的通风

鸡舍空气应保持新鲜，使有害气体减至最低量，以保证鸡群的健康。随着季节的变换与育成鸡的生长，通风量也要随之改变（表6-4）。此外，要保持鸡舍清洁和安静，坚持适时带鸡消毒。

表6-4　育成鸡的通风量　　　　（1 000 只鸡）

周龄	平均体重（克）	最大换气量（米³/分钟）	最小换气量（米³/分钟）
8	610	79	18
10	725	94	23
12	855	111	26
14	975	127	29
16	1 100	143	33
18	1 230	156	36
20	1 340	174	40

三、育成母鸡的培育技术

在全舍饲、高密度条件下，环境问题变得更为突出。

（一）育成鸡的生长发育特点

7周龄到产蛋前（一般为7~18周龄）的鸡称为育成鸡。

育成前期是骨骼、肌肉、内脏生长的关键时期，随着采食量的不断增加，鸡体本身对钙质沉淀、积累能力有所提高，而前期的体重决定成年后鸡的骨骼和体形，11~12周龄就完成了骨骼生长的95%；育成后期是腹腔脂肪增长发育的重要时期，这期间腹脂增长了9.5倍，如果体内脂肪沉积过多，将直接影响蛋鸡的产蛋性能。

蛋鸡的生殖系统从12周龄开始缓慢发育，18周龄时则迅速发育。

（二）育成鸡的饲养技术

育成鸡需要的饲料营养成分含量比雏鸡低，特别是蛋白质和能量水平较低，需要更换饲料。当鸡群7周龄平均体重和胫长达标时，即将育雏料换为育成料。若此时体重和胫长达不到标准，则继续喂雏鸡料，达标时再换；若此时两项指标超标，则换料后保持原来的饲喂量，并限制以后每周饲料的增加量，直到恢复标准为止。

更换饲料要逐渐进行，如用2/3的雏鸡料混合1/3的育成料喂2

天，再各混合 1/2 喂 2 天，然后用 1/3 育雏料混合 2/3 育成料喂 2~3 天，以后就全喂育成料。

（三）育成鸡的管理技术

1. 适时转群

雏鸡 6~7 周龄应转入育成舍，炎热季节最好在清晨或傍晚进行，冬季可在晴天中午进行。

（1）准备好育成舍　鸡舍和设备必须彻底地清扫、冲洗和消毒，在熏蒸后密闭 3~5 天再使用。

（2）调整饲料和饮水　转群前后 2~3 天内增加多维 1~2 倍或饮电解质溶液；转群前 6 小时应停料；转群后，根据体重和骨骼发育情况逐渐更换饲料。

（3）清理和选择鸡群　将不整齐的鸡群，根据生长发育程度分群分饲，淘汰体重过轻、有病、有残的鸡只，彻底清点鸡数，并适当调整密度（图 6-21）。

图 6-21　清理有残的鸡只

2. 光照时间

转群的当天连续光照 24 小时，使鸡尽早熟悉新环境，尽早开始吃食和饮水。育成期光照宜减不宜增，宜短不宜长，以免开产过早影响蛋重和产蛋全期的产蛋量。封闭式鸡舍最好控制在 8 小时，开放式鸡舍不必补充光照。

3. 生长控制

育成期的饲养关键是培育符合标准体重的鸡群，以使其骨架充实，发育良好。因此从 7 周龄开始，每周随机抽取 10% 的鸡只称重，用平均体重与标准体重相比较。如体重低于标准，就应增加采食量，提高饲料中的能量与蛋白质水平；如体重超标，可减少饲料喂量。同时，应根据体重大小进行分群饲喂，保证其均匀度。

4.雏鸡向育成鸡的过渡

（1）逐步脱温　视天气情况给温，保证其温度在 15~22℃。

（2）逐渐换料　在育雏料中按比例每天增加 15%~20% 育成料，直到全部换成育成料，过渡期 5 天左右。调整饲养密度，平养 10~15 只 / 米 ^{2}，笼养不超过 25 只 / 米 ^{2}。

5.驱虫

地面养的雏鸡与育成鸡比较容易患蛔虫病与绦虫病，15~60 日龄易患绦虫病，可按每千克体重 0.15~0.2 克灭绦灵拌入饲料驱虫；2~4 月龄易患蛔虫病，应及时对这两种内寄生虫病预防，增强鸡只体质和改善饲料效率。

6.接种疫苗

应根据各个地区、鸡场以及鸡的品种、年龄、免疫状态和污染情况的不同，因地制宜地制定本场的免疫计划，并按计划落实。

7.观察鸡群

观察鸡的精神、采食、排粪、外观表现等。要随时挑出病弱伤残的鸡，隔离饲养。为了提高均匀度，应在 70~90 日龄对鸡群逐只称重修喙，按体重大小分成 3 群，分别管理。

四、育成鸡的饲养技术

（一）育成鸡的营养

育成鸡日粮应适当减少蛋白含量，增加粗纤维的含量。

1.育成期饲料粗蛋白含量应逐渐减少

即 6 周龄前占 19%，7~14 周龄占 16%，15~20 周龄占 12%。通过低水平营养控制鸡的早熟、早产和体重过大，对提高产蛋阶段的产蛋量和维持产蛋持久性有好处。

2.育成期饲料中矿物质含量要充足

钙磷比例应保持在（1.2~1.5）：1，饲料中各种维生素及微量元素比例要适当。地面平养 100 只鸡每周加沙砾 0.2~0.3 千克，笼养可按饲料的 0.5% 添加。育成期食槽必须充足。

（二）育成鸡的限制饲养

1. 限制饲养的意义

控制鸡的生长，抑制性成熟，防止脂肪沉积过多，防止产蛋期脱肛，可以节省 10% 左右的饲料。

2. 限制饲养的方法

分为限量饲喂、限时饲喂和限质饲喂。

限量饲喂：限制饲喂量为正常采食量的 80%~90%。

限时饲喂：分隔日饲喂和每周限饲两种。

隔日限制饲喂：就是把两天的饲喂量集中在一天喂完。

每周限制饲喂：即每周停喂 1 天或两天。

限质饲喂：如低能量、低蛋白和低赖氨酸日粮都会延迟性成熟。

3. 限制饲喂的注意事项

需随时抽测体重，应有足够的采食空间，限制饲喂的鸡一定要断喙，应注意生产成本，要对鸡群分群，如遇到接种、发病、转群等特殊情况，可转入正常饲喂。

第三节　产蛋鸡的饲养管理技术

一、产蛋鸡的饲养方式

（一）平养

平养可分为地面平养和网上平养，也可以二者结合。平养需要准备产蛋装置，可以用砖砌，也可以放置产蛋箱（图 6-22），规格是：长 40 厘米，宽 30 厘米，高 35 厘米。可以连在一起，也可以重叠，放置的地点应在鸡舍内光线较暗、通风良好、便于捡蛋的地方。

图 6-22　重叠的产蛋箱

（二）笼养

蛋鸡可根据养殖规模选择蛋鸡笼（图 6-23 和图 6-24），一般蛋鸡笼都有集蛋槽，可以收集鸡蛋。

图 6-23　空的蛋鸡笼

图 6-24　装鸡的蛋鸡笼

二、产蛋前期的饲养管理

产蛋前期指开产至 23 周龄，需要做如下管理。

（一）转群

育成鸡培育到 20 周龄即转入产蛋期。转群时间：在鸡体重达到标准的情况下，19周龄转群较好。转群要检查淘汰残次鸡，要按规定装鸡，保证适宜的密度，转群完毕后，要勤加料，不缺水，以减轻应激刺激。转群的注意事项如下。

① 停料：转群前应停止喂料6小时左右，让其将剩料吃完。

② 捕捉：抓鸡时最好抓鸡的双腿，不要抓头、颈、翅膀。

③ 为了减少应激，在转群前不进行疫苗接种。

（二）更换饲料

由育成期转入产蛋期，蛋鸡饲料要及时更换，以利于鸡群尽快进入产蛋高峰。

① 将饲料中的钙质由原来的1%提高到2%，或仍用含钙1%的育成料，另加2.5%的贝壳或石粉，使日粮的总钙量达到2%。鸡群产蛋率达到5%~10%时，全部更换为产蛋高峰期饲料。

② 鸡开产后，饲料的营养水平跟着产蛋率变化。

③ 育成鸡转入到产蛋鸡舍后，就开始饲喂产蛋高峰期饲料。

（三）自由采食

进入产蛋前期的蛋鸡代谢机能旺盛，营养物质既要维持鸡体自身的新陈代谢，又要满足生产需要，此时应提供营养全面、质量高、适口性好的配合饲料，并增加喂料次数。一般自由采食，以充分满足鸡的营养需要。

（四）加强卫生防疫和消毒

搞好环境卫生，定期用2%的火碱喷洒，门口设消毒池，在鸡舍外种植一些低矮植物或草坪，以改善鸡舍周围的空气环境。严防各种应激因素，定期灭鼠，防止鼠、猫、犬进入鸡舍，搞好防疫免疫。定期在饲料或饮水中添加一些营养或抗菌药物。

三、产蛋中期的饲养管理

产蛋中期指24~53周龄，一般指产蛋高峰期，需要做如下管理。

（一）能量水平

产蛋中期的能量水平以 20℃ 为基准，褐壳蛋鸡每天每只需要 1.42~1.46 兆焦的代谢能量，白壳蛋鸡需要 1.34~1.38 兆焦，维持鸡群的产蛋高峰，低于这个水平，鸡群的产蛋率就会迅速下降。

（二）蛋白质水平

产蛋高峰期，褐壳蛋鸡每天每只鸡需要 19 克粗蛋白质，白壳蛋鸡需要 18 克。在各种必需氨基酸保持平衡的条件下，褐壳蛋鸡饲料的粗蛋白质水平保持在 16.5%，白壳蛋鸡则在 17%~17.5%。产蛋高峰期，产蛋率不低，但是蛋重上不去或者下降，即说明饲料的粗蛋白质水平不足。当产蛋率达到 50% 时，也就是 24 周龄左右，需要改用蛋鸡中档饲养标准，粗蛋白 15%，钙 3.5%；当产蛋率达到 70% 时也就是 26 周龄左右时，改用高档标准，粗蛋白 16.5%，钙 3.5%；当达到产蛋高峰期时，喂给粗蛋白 17.5%、钙 3.5% 的日粮。

（三）钙磷营养水平

产蛋高峰期需要的钙磷量较高，每只鸡每天需要采食到 3.8~4.1 克的钙质，饲料中有效磷的含量也要保持在一定水平。饲料中钙磷水平：钙 3.3%~3.5%，有效磷 0.45%。注意饲料中的钙含量不能过高，若超过 4%，会影响饲料的适口性。

（四）维生素和微量元素

若鸡的高峰期产蛋率超过 95% 或高峰期延续时间长，多种维生素应以倍量供给，并按每吨饲料 100 克添加维生素。饲料中一定要按鸡群要求的需要量添加维生素和微量元素。目前，各养殖户大都使用预混料和浓缩饲料加工全价料，各饲料厂家已经添加全面，养殖户基本不必考虑。

（五）饮水

要供给充足饮水，每只蛋鸡每天需饮水220~380毫升，饮水必须清洁新鲜，气温低时饮温水，饮水器或水槽必须每天进行清洗。

产蛋高峰期必须给鸡群以充足和清洁的饮水，尤其是天气炎热的夏天。

（六）温度

产蛋适宜温度为13~20℃，最高不超过29℃，最低不低于5℃，13~16℃产蛋率较高，15.5~20℃饲料转化率较高。鸡舍温度超过32℃时，鸡吃料就会减少20%~30%，所以在夏天要特别注意防暑降温，应采取加强通风、搭凉棚、给鸡喝凉水、早晚多喂料等措施。冬季鸡舍太冷，会降低产蛋量，因此，在冬天要注意防寒保暖，如采取堵严北面窗户、保持舍内干燥、给鸡喝温水等措施。

（七）湿度

鸡体能适应的相对湿度是40%~72%，最佳湿度应为60%~65%。生产中采用室内放生石灰块等办法降低舍内湿度，通过空间喷雾提高舍内空气湿度。

（八）通风

通风量、气流速度：夏季不能低于0.5米/秒，冬季不能高于0.2米/秒。

（九）光照原则

光照只能延长，不可缩短，光照时间逐渐增加到每天16小时。从18周龄开始，每周增加半小时，到22周龄增加到16小时，到产蛋后期，增加至17小时。光照强度不可减弱，光照强度一经实施，不宜随意改动，一般在料槽前据地面两米，间距3米设一个25瓦灯泡即可达到光照强度。

第六章 蛋鸡饲养管理技术

119

四、产蛋后期的饲养管理

产蛋后期是指 54 周龄到淘汰，随着鸡群日龄的增长，产蛋率下降。产蛋后期蛋重增大、蛋壳变薄，破损率上升，脱肛死亡严重。饲养管理上应采取以下措施。

（一）调整饲料的营养水平

维持或提高原有能量水平，降低 1~2 个粗蛋白质水平。钙由 3.3%~3.5% 提高到 3.8%~4.0%，有效磷下降到 0.35%，B 族维生素可提高 10%~20%，维生素 E 的水平提高 1 倍。

（二）加强管理

及时挑出低产、停产和有病的鸡。有条件的鸡场或养殖户，可在 55~60 周龄对鸡群采取逐只挑选的办法，挑出过肥、过瘦及其他一些有缺陷的鸡。挑出的鸡全部淘汰，以保证鸡群的产蛋水平。

（三）加强防疫工作

在 55~60 周龄可对鸡群进行 1 次抗体水平的监测，对抗体较低的鸡群要免疫接种。

五、产蛋鸡不同季节的管理要点

（一）春季饲养管理

春天一般都会出现产蛋率回升的现象，饲养管理得好坏，对促进全年高产会起到良好的作用。开放式鸡舍饲养的鸡更明显，春天也是鸡发病的高峰季节，尤其是呼吸道疾病，要注意预防。

1. 加强通风换气

搞好通风换气工作，给鸡群创造一个良好的生活环境。

2. 调整日粮浓度

调整饲料浓度，可适当提高饲料中的能量水平，定期在饮水中添加水溶性多维电解质，以补充营养。

3. 做好卫生防疫及消毒工作

最好能做到每周带鸡消毒 2~3 次。对鸡群进行 1 次抗体监测，对抗体水平较低的鸡群要进行免疫接种。务必要及时清粪，这样既能保证鸡舍内的环境及空气卫生，同时也能降低鸡舍内的细菌密度，从而有效地预防呼吸道疾病的发生。

4. 定期投放抗生素

为了有效地抑制春天鸡病发生，每隔 20 天，要对鸡群投放 1 次抗生素，最好使用蒽诺沙星、土霉素等一些广谱抗生素。

（二）夏季饲养管理

夏季主要应防止高温应激对产蛋的影响，解决好鸡舍的降温问题。

1. 降低鸡舍的辐射热和反射热

鸡舍周围种植牧草或草皮，减少热反射；鸡舍周围植树和搭凉棚，防止光的直射；在鸡舍内设顶棚，可减少热辐射；以鸡舍顶部增设喷水装置可降低舍内温度 5~10℃。

2. 加快鸡舍内的气流速度

开放式鸡舍应打开所有的门窗，以增加通风换气；有条件的鸡场可增加吊扇，以加快鸡舍内的气流速度。密闭式鸡舍应将风机全打开，昼夜运转，提高鸡舍内风速，这样虽然不能降低舍温，但可以使鸡群有舒适感，也可增加采食量。

3. 降低鸡舍内温度

密闭式鸡舍可以采用正压通风的方法，向鸡舍内吹进冷风，以降低舍内的温度，但费用太高。我国多采用在进风口处设水帘的方法，以降低鸡舍内的温度。也可在鸡舍内安装喷雾器，喷雾以降低舍内局部的温度，减少发生鸡热昏的危险，但这种方法，不适合厚垫料和网上平养的鸡舍。

4. 及时清粪

夏天鸡饮水量大，粪便内含水量高（达 85% 以上），若不及时清粪，易使舍内的湿度增大，影响散热（图6-25）。

图6-25　简易刮粪机械

5.调整日粮浓度

为解决高温条件下鸡的采食量低，摄取营养不足，影响鸡群生产性能的问题，最新的营养观点是，剔除饲料中含粗纤维高的原料，加入1%~2%油脂来提高饲料的能量水平。将饲料石粉或贝粉含量提高1~2个百分点，各种维生素的含量增加20%~30%，尤其是维生素E水平，可以提高1倍，每千克日粮将胆碱水平增加到1 500毫克，从而提高日粮的浓度。由于蛋白质的热增耗高于碳水化合物和脂肪，因此，高温条件下，给鸡饲喂高蛋白日粮不合适。

为了提高蛋壳质量，在饲料中加入0.1%~0.5%的小苏打或按每千克日粮含200毫克的维生素C。夏天饲料的饲喂要掌握少喂勤添的原则，并安排在早晚较为凉爽的时间喂鸡；在中午，给鸡群喂1顿湿拌料，但必须能让鸡在2个小时内吃完，否则湿拌饲料就会发霉变质。

6.提供充足清凉的饮水

在炎热的夏天，鸡的饮水量明显增加，其目的是通过饮水以求得暂时的凉快，通过排出水分，带走一部分热量，以达到解暑的目的。鸡的饮水量主要取决于饲料的消耗量和温度，据测试，15.6℃时鸡的饮水量是饲料消耗量的 1.8 倍，21.1℃时为 2 倍，26.6℃时为 2.8 倍，32.2℃时为 4.9 倍，温度达到 37.8℃时，为饲料消耗量的 8.4 倍。因此，任何情况下都不能缺水。如果能自动供水，一定要保证水的充足洁净。

7. 添加解暑药物

维生素 C、小苏打、氯化铵等都是解暑药物，但实际生产中应用最多、效果最好的要数维生素 C。在夏季气温较高的时候，在每千克水中加 100~200 毫克维生素 C，能降低鸡体温 1.5℃，从而达到解暑的目的。

8. 做好灭鼠、灭蝇、灭虱等工作

夏天是鼠类和蚊蝇大量繁殖的季节，要做好经常性的灭鼠和灭蝇工作，以减少疾病的传播、饲料的浪费和对鸡群的干扰，也要做好灭鸡虱、羽螨和库蝇的工作。

（三）秋季饲养管理

经过炎热的夏天后，产蛋母鸡体力消耗大，体重有所下降。因此，秋天的产蛋母鸡，除要保持一定的产蛋水平外，还要加强营养，使母鸡能够迅速恢复体力，而且还要有一定营养贮备，以备冬季的产蛋需要。进入秋季后，不要马上更换饲料，要一直使用夏季饲料，直到鸡的体力得以恢复，产蛋水平也恢复到一定的高度，并保持稳定之后，可将饲料更换为秋季饲料，即饲料中不再添加油脂，将钙质及其他的营养素恢复到原来的水平。原则是，随着气温的降低，鸡的采食量增加，饲料浓度也可以随之降低。

立秋后，太阳直射点逐渐向南半球转移，北半球白天渐短，夜晚渐长，秋季是极地冷气团南下与热带海洋暖湿气团交替过渡的阶段，多出现秋雨。俗话说，一场秋雨，一场寒，气温开始大幅度下降，温差也较大。开放式鸡舍要做好保温工作，夜间要注意关窗；白天气温较高，又要注意将窗子打开，加强通风。这时的气温变化较大，变化也比较频繁，对鸡来说，容易发生呼吸道疾病。因此，要注意预防。

经历一年产蛋的母鸡，部分鸡开始换羽，凡是秋季换羽的母鸡，

その生産性能都不太好，在秋季的管理中，应注意将其淘汰。

（四）冬季饲养管理

冬季一年中日照时间最短，气温也最低，大风降温天气较多。一般来说，低温对鸡的影响不如高温严重，但温度过低，对鸡的产蛋量和饲料效率都有负面影响。例如当温度降到 -9℃以下时，鸡还会冻伤。因此，为了能保证冬季产蛋鸡能有较好的生产成绩，无论是开放式鸡舍还是密闭式鸡舍，都要做好防寒保暖工作。

1. 供暖

有条件的养殖场和养殖户，可在鸡舍内安装暖气、炉子或火墙，尽量保证鸡舍的温度在15℃以上，但在使用炉子时，要注意防止煤气中毒。

2. 减少通风量

开放式鸡舍将一切进风口都要封严，即使南面的窗户，只在晴朗无风的天气打开几扇通风。密闭式鸡舍在有毒有害气体不超标的范围内，尽量少开风机。

3. 减少鸡体热量散发

一些饮水设备如饮水器、饮水杯及水槽等饮水设备漏水时，淋湿了鸡的羽毛、垫料或饲料，都可能使鸡体大量的热量散失，轻则造成鸡产蛋下降和停产，重则能将鸡冻死。因此，要及时维修鸡舍内漏水的地方，注意更换垫料。另外，鸡舍的进风口，如门、窗的缝隙，甚至粪沟的出粪口等都有可能漏进冷风，局部风速可达4~5米/秒，俗称"贼风"，并直吹鸡体，对鸡的影响较大。因此，要设法堵住、堵严。

4. 调整饲料

冬季鸡为了御寒，必须要多采食能量。因此，冬季鸡的采食量较大，新的营养观点认为，为了避免冬季鸡采食过多的能量，而造成鸡体过肥，在冬季要适当降低饲料营养浓度，适当减少玉米用量，增加麸皮等。但冬季的饲粮能量水平不能过低，每千克保持在11.30~11.51兆焦，就能够满足鸡群的需要。

5. 通风与保暖

在冬季为了防寒保温，鸡舍的门窗等关闭较严，空气流通差，舍内氧气不足；而二氧化碳、氨气和硫化氢等有害气体对鸡是一种强烈的应激因素，且长期作用还会损伤鸡的呼吸道黏膜；冬季气候干燥，鸡舍内的尘埃较多，通过鸡的活动使鸡舍内尘土飞扬，鸡吸入这些尘埃，对其呼吸道黏膜损伤也很大；且在尘埃上的病原微生物在低温条件能存活很长时间，这就是冬季鸡的呼吸道疾病流行的重要原因。因此，在冬季处理好保暖与通风换气之间矛盾，是决定冬季养鸡成败的关键。密闭鸡舍可根据舍内空气污浊情况，定时、定量地开启风机；较大的鸡舍一般都有几组风机，可根据气温情况，适当地开启1组或2组风机；有窗的鸡舍，根据鸡群密度、温度、鸡龄、气候、白天黑夜、风力及有害气体的刺激程度等因素，来决定开窗的时间长短和数量。

6. 清粪

在冬季有一种错误的认为，冬天的粪便能提高鸡舍内温度，所以一些个体户甚至一些大的鸡场，在冬季都相应地减少了清粪的次数，有的甚至10天半个月清粪1次。从而造成鸡舍内有毒有害气体含量高，严重损伤了鸡的呼吸道黏膜，引发呼吸道疾病，给鸡的产蛋造成很大损失。因此，冬季因门窗关闭都比较严，更应该注意勤清粪，同时也要做好鸡群消毒工作。

第七章
鸡病防治基础知识

第一节　药物的安全使用

　　蛋鸡生产中不可避免地要使用兽药，所用兽药应符合《中华人民共和国兽药典》《中华人民共和国兽药规范》《兽药质量标准》《进口兽药质量标准》和《兽用生物制品质量标准》的有关规定。所用兽药应产自具有兽药生产许可证并具有产品批准文号的生产企业，或者具有《进口兽药登记许可证》供应商。为满足市场对鸡蛋、鸡肉品质的要求，维护消费者的身体健康，必须注意正确使用兽药，并严格控制药物残留。

一、蛋鸡的常用药物及用药限制

（一）蛋鸡常用药物及适应症（表7-1）

表7-1　蛋鸡常用药物及适应症

名称	适应症
青霉素G	窄谱抗生素，适用于鸡的链球菌病、葡萄球菌病、坏死性肠炎、禽霍乱、螺旋体病、丹毒病、李氏杆菌病，也常用于病毒及球虫病所引起的并发、继发感染
氨苄青霉素	广谱抗生素，常与庆大霉素、卡那霉素、链霉素等联合使用，对大肠杆菌病、腹膜炎、输卵管炎、气囊炎、眼结膜炎等有效，对鸡白痢有一定疗效，对沙门氏杆菌有高度抗菌作用

名称	适应症
红霉素	用于治疗耐青霉素 G 的金黄色葡萄球菌病，还用于鸡慢性呼吸道病、传染性鼻炎、溃疡性肠炎、坏死性肠炎、传染性滑膜炎、链球菌病、丹毒病及呼吸道炎症等
泰乐菌素	对支原体特别有效，也用于治疗鸡溃疡性肠炎、坏死性肠炎，并能缓解应激反应
北里霉素	常用于预防和治疗慢性呼吸道病
链霉素	常用于防治禽霍乱、鸡沙门氏杆菌病、大肠杆菌病、传染性鼻炎、弧菌性肝炎、溃疡性肠炎及支原体引起的关节炎和慢性呼吸道病
庆大霉素	广谱抗生素，用于治疗敏感菌所引起的消化道、呼吸道感染和败血症，对鸡大肠杆菌、沙门氏杆菌、葡萄球菌、慢性呼吸道病有效
卡那霉素	广谱抗生素，主要对沙门氏杆菌、大肠杆菌、巴氏杆菌有效，对金黄色葡萄球菌、链球菌、真菌和支原体也有作用
土霉素、四环素	广谱抗生素，用于防治鸡白痢、鸡伤寒、禽霍乱、传染性鼻炎、慢性呼吸道病、葡萄球菌病、螺旋体病、球虫病等，还具有减轻应激反应、增加产蛋率、提高孵化率的作用
金霉素	广谱抗生素，用于防治鸡慢性呼吸道病、传染性鼻炎、滑膜炎、大肠杆菌病、鸡副伤寒、坏疽性皮炎等
强力霉素	与土霉素相似，但作用比土霉素强 2~10 倍，在体内作用的时间较长，常用于治疗鸡霍乱、慢性呼吸道病、大肠杆菌病及沙门氏杆菌病
磺胺类	包括磺胺嘧啶、磺胺喹噁啉、磺胺异噁唑、磺胺甲基异噁唑、磺胺 -5- 甲氧嘧啶及磺胺脒等，可治疗鸡白痢、鸡伤寒、禽霍乱、传染性鼻炎等，对各种球虫病也有较好效果
抗菌增效剂	包括三甲氧苄氨嘧啶和二甲氧苄氨嘧啶，是较新的广谱合成抗微生物药，与磺胺药并用后能显著增强磺胺药的疗效，扩大抗菌范围，延缓细菌产生耐药性，使抑菌作用转化为杀菌作用，与抗生素合用后也能增强抗菌效果

第七章 鸡病防治基础知识

续表

名称	适应症
氟哌酸	用于防治鸡大肠杆菌病、沙门氏杆菌病、绿脓杆菌病、葡萄球菌病及链球菌病
复方新诺明	禽霍乱、鸡传染性鼻炎、沙门氏菌病等
制霉菌素	用于治疗雏鸡的曲霉菌病、白色念珠菌病及禽冠癣，也可用于因长期使用广谱抗生素所引起的真菌性双重感染
莫能霉素	对多种球虫有抑制作用，球虫对本药很难产生耐药性
盐霉素	防治鸡球虫病药效较高，并有提高饲料报酬和促进雏鸡生长发育的功效，不要与支原净合用
氯苯胍	对鸡的各种球虫均有明显药效
氨丙啉	是种鸡和蛋鸡的主要抗球虫药，氨丙啉为硫胺素的拮抗药

（二）允许在饲料添加剂中使用的兽药品种及使用规定（表7-2）

表7-2 允许在饲料添加剂中使用的兽药部分品种及使用规定

品种	用量（克/吨）	停药期	注意事项
杆菌肽锌	4~20		
硫酸黏杆菌素	2~20	7	产蛋期禁用
北里霉素	5~10	2	产蛋期禁用
金霉素	20~50	7	低钙（0.4%~0.55%）饲料中连用不超过5天
土霉素	5~50		产蛋期禁用
硫酸泰乐菌素	4~50	5	产蛋期禁用
越霉素A	5~10	3	产蛋期禁用
潮霉素B	8~12	15	产蛋期禁用
盐酸氨丙啉	62.5~125		使用时维生素 B_1 小于10克/吨
硝酸二甲硫胺	1~62	3	产蛋期禁用，使用时维生素 B_1 小于10克/吨
尼卡巴嗪	100~125		产蛋期禁用，高温期慎用

品种	用量（克/吨）	停药期	注意事项
盐酸氯苯胍	30~36	7	产蛋期禁用
马杜霉素铵	5	5~7	产蛋期禁用，用量不能大于6
莫能霉素钠	90~110	3	产蛋期禁用，禁与泰乐菌素、竹桃霉素合用
盐霉素钠	50~60	5	产蛋期禁用，禁与泰乐菌素、竹桃霉素合用
甲基盐霉素钠	60~70	5	产蛋期禁用，禁与泰乐菌素、竹桃霉素合用
二硝托胺（球痢灵）	1~125	3	产蛋期禁用

（三）产蛋鸡禁止使用的药物

严禁使用中华人民共和国农业部制定的《食品动物禁用的兽药及其他化合物清单》列出的盐酸克伦特罗等兴奋剂类、己烯雌酚等性激素类、玉米赤霉醇等具有雌激素样作用的物质、氯霉素及其制剂、呋喃唑酮等硝基呋喃类、安眠酮等催眠镇静类等21类药物。其次是蛋鸡饲养户在用药方面要禁止使用对产蛋期有害的药物，限制使用可能导致产蛋下降的药物，慎重选用因用药剂量等原因可能会影响产蛋的药物。

1. 磺胺类药物

常见的有磺胺嘧啶、磺胺噻唑、磺胺脒、增效磺胺嘧啶等药物，此类药物可以阻止细菌的生长繁殖，但产蛋鸡使用可以抑制产蛋，而且可通过与碳酸酐酶结合，使其降低活性，从而减少碳酸盐的形成和分泌，使鸡产软壳蛋和薄壳蛋。

2. 呋喃类药物

该类药主要用于治疗禽肠道感染，通过抑制乙酰辅酶A干扰细菌糖代谢而发挥其抗菌作用。但此类药可延缓蛋鸡的性成熟，从而推后蛋鸡的开产时间，产蛋鸡应禁用。

3.四环素类

常见的有金霉素，有较好的抑菌、杀菌作用，对鸡白痢、鸡伤寒、鸡霍乱和滑膜炎霉形体有良好的效果。但该药对消化道有刺激作用，损坏肝脏，且能与钙、镁等金属离子结合形成络合物而妨碍钙的吸收，导致鸡产软蛋。

4.抗球虫类药

包括克球粉、球痢净等，该类药有抑制产蛋作用。

5.新生霉素类

对肝肾有害，从而减少产蛋。

6.氨基糖苷类抗生素

产蛋鸡在使用此类药物后，从产蛋率上看有明显下降，尤其是链霉素。

总之，蛋鸡在产蛋期严禁使用的药物有磺胺类药物、呋喃类药物、金霉素、复方炔诺酮、大多数抗球虫类药物、地塞米松等；限用的药物有四环素类、少数抗球虫类药物、乳糖等，其他药物则应慎重使用，如肾上腺素、丙酸睾丸素、氨基糖苷类抗生素、土霉素、拟胆碱类和巴比妥类药物。另外，蛋鸡养殖户使用兽药时，还要注意限制使用某些人畜共用药，如氨苄西林等青霉素类药、盐酸环丙沙星等人用喹诺酮类药物的使用，因其容易产生细菌耐药性问题。

二、安全使用抗生素

（一）查明病因对症下药

鸡群发病后应根据流行病学调查、主要症状和病变，必要时采取实验室手段，诊断清楚什么病；通过药敏试验，选择敏感药物，避免盲目用药。如一般来说青霉素对革兰氏阳性菌有效，但由于长时间使用，细菌就会产生耐药性，试验表明葡萄球菌对青霉素已经产生了耐药性。

（二）选择适当剂量与疗程

剂量的选择要以药物在体内刚能达到有效浓度为标准，剂量小达不到有效浓度，过大则容易造成浪费和中毒。药物的有效浓度必须维持一定的时间才可以杀灭或者抑制病原体，一般疗程 3~5 天，慢性病则需要延长 1~2 天。

（三）抗菌药物的联合使用

1. 协同作用

指两种或者两种以上的药物一起使用后，减弱了不良反应，增大了抗菌谱，药效增强。如抗菌增效剂与青霉素类、头孢类、强力霉素、磺胺类药物联合使用，可以扩大药效。

2. 配伍禁忌

也叫拮抗作用，是指两种或者两种以上的药物合并使用后，出现疗效减弱、消失，甚至中毒的现象。如一般抗菌剂不能与抑菌剂联合使用，氧化性药物不能与酸、碱等还原药物一起使用，解热镇痛抗炎药物不能与头孢类、利尿剂等合用。

（四）拒绝假冒伪劣药物

使用药物的时候要认真阅读说明书，明白药物的有效成分，并选择真的药物，拒绝假冒伪劣，不使用过期的药物。

（五）交叉用药避免耐药性

某些鸡场一些细菌如大肠杆菌、葡萄球菌、绿脓杆菌等长期存在，在药物的预防与治疗中，经常使用一种药物就容易产生耐药性。这也就是为什么一些药物刚开始疗效显著，后来剂量大了疗效却小了的缘故。因此，鸡场在药物的使用过程中，一定要交叉用药，防止耐药菌株的产生。

（六）用药要不违反相关规定

蛋鸡的生产中规定了许多药物的停药期，目的是确保鸡蛋、鸡肉品质，没有药物的残留。如盐酸氯苯胍休药期为 7 天，但产蛋期禁用。

三、消毒药物的选择和使用

消毒是指利用物理、化学和生物学的方法清除或杀灭环境（各种物体、场所、饲料、饮水及肉鸡体表皮肤）中的病原微生物及其他有害微生物。消毒是鸡场控制疾病的重要措施，可减少病原体进入鸡舍，也可杀灭已进入鸡舍的病原体。消毒一般包括物理、化学和生物消毒法。

（一）物理消毒法

通过清扫、冲洗和通风换气等手段达到消除病原体的目的，是最常用的消毒方法之一。具体操作步骤：彻底清扫→冲洗（高压水枪）→喷洒 2%~4% 的烧碱溶液→（2 小时后）高压水枪冲洗（图 7-1）→干燥→（密闭门窗）福尔马林熏蒸 24 小时→备用（有疫情时重复 2 次）。

图 7-1　高压水枪冲洗

紫外线具有较好的表面杀菌作用（图 7-2）。通常按地面面积，每 9 米² 需 1 支 30 瓦紫外线灯；在灯管上部安设反光罩，离地面 2.5 米左右。灯管距离污染表面不宜超过 1 米，每次照射30 分钟。

图 7-2　紫外线消毒

高压蒸汽灭菌是通过加热来增加蒸汽压力和温度，达到短时间灭菌的效果（图 7-3）。

图 7-3　高压蒸汽灭菌

（二）化学消毒法

化学消毒法是利用化学药物或消毒剂杀灭或清除微生物的一种方法。因为，微生物的种类不同，又受到外界环境的影响，所以各类化学药物或消毒剂对微生物的影响也不同。根据消毒对象，可以选用不同的化学药物或消毒剂。

喷洒法（图7-4）主要用于地面的喷洒消毒，进鸡前对鸡舍周围5米以内的地面用火碱或0.2%~0.3%的过氧乙酸消毒，水泥地面一般常用消毒药品喷洒。大面积污染的土壤和运动场地面，可翻地，在翻地的同时撒上漂白粉，用量为0.5~5千克/米²，混合后，加水湿润压平。

气雾法（图7-5）是把消毒液倒进气雾发生器，射出雾状颗粒，是消灭空气中病原微生物的有效方法。鸡舍常用的是带鸡喷雾消毒，配制好0.3%的过氧乙酸或0.1%的次氯酸钠溶液，要压缩空气雾化喷到鸡体上。这种方法能及时有效地净化空气，抑制氨气产生，有效杀灭鸡舍内环境中的病原微生物，消除疾病隐患，夏季还可起到很好的降温作用。

图7-4 喷洒消毒液

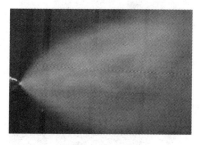

图7-5 气雾消毒

常用的消毒剂有含氯消毒剂（如优氯净，图7-6）、碘类消毒剂（如碘伏，图7-7）、醛类消毒剂（如甲醛，图7-8）、强碱类消毒剂（如氢氧化钠，图7-9）等。

生石灰是常用的廉价消毒剂，对一般病原体有效，但对芽孢无效。10%~20%的石灰水可用于墙壁、地面、粪池及污水沟等处的消

图 7-6　优氯净

图 7-7　碘伏

图 7-8　甲醛

图 7-9　氢氧化钠

毒，应注意现用现配（图 7-10 至图 7-13）。

涂刷过生石灰水的鸡舍内墙面、地面，生物安全检测全部合格（图 7-10 和图 7-11）。

图 7-10　涂刷过生石灰水的地面墙面

图 7-11　涂刷过生石灰水的地面

鸡场内刷过生石灰水的水泥路面，消毒效果好，还洁白无瑕，美观又实用（图 7-12）。

图 7-12　刷过生石灰水的路面　　图 7-13　洒过生石灰后的舍外净区

只要生石灰膜不破，大部分的细菌病毒都出不来了。所以后期管理中，关键是不破坏这层生石灰膜（图 7-13）。

（三）蛋鸡场内的消毒管理

在鸡场门口，设置紫外线杀菌室、消毒池（槽）和消毒通道。消毒池要有足够的深度和宽度，至少能够浸没半个车轮，并且能在消毒池里转过 2 圈，并经常更换池内的消毒液，以便对进出人员和车辆实施严格的消毒（图 7-14）。除不能淋湿的物品（如饲料），所有车辆要经过消毒通道（图 7-15）进出鸡场。

图 7-14　门口的消毒池　　　　图 7-15　消毒通道

第二节　生物制品的安全和使用

一、生物制品简介

生物制品是利用微生物、寄生虫及其组织成分或代谢产物以及动物或人的血液与组织液等生物材料为原料，通过生物学、生物化学以及生物工程学的方法制成，用于传染病或其他疾病的预防、诊断和治疗的生物制剂。专门用于动物免疫预防、诊断、治疗的生物制剂称为兽医生物制品。

（一）免疫预防

兽医生物制品是防制动物疫病的重要手段，许多国家利用生物制品控制和消灭了很多严重的动物传染病，在养鸡行业里免疫预防必不可少。如鸡马立克氏病、鸡新城疫、传染性法氏囊病等。

（二）诊断疫病

随着免疫学和生物技术的迅速发展，生物制品大量用于临床诊断。如鸡副伤寒玻片凝集抗原、鸡新城疫血凝抗原、鸡传染性法氏囊病 ELISA 抗体检测试剂盒等。

（三）治疗

主要使用高免血清和卵黄抗体来帮助鸡体杀死或抑制病毒，如鸡传染性法氏囊病。

二、生物制品的分类

生物制品可分为疫苗、类毒素、诊断制品、高免血清、微生态制剂、副免疫制品等六大类。

（一）疫苗

利用病原微生物、寄生虫及其组分或代谢产物制成，用于人工主动免疫的生物制品称为疫苗。一般可分为活疫苗、死疫苗、基因疫苗三大类。

1.活疫苗

活疫苗（图7-16）是指可以在免疫动物体内繁殖，能刺激机体产生免疫反应，生产成本较低，免疫力较久的一种疫苗，包括强毒苗、弱毒苗和异源苗。强毒苗是应用最早的疫苗种类，比如鸡传染性喉气管炎，最早使用的涂肛疫苗，由于存在散发病原的危险，现在一般都不使用了。弱毒苗是指把毒株致弱，就是使毒力减弱或者丧失后，仍保持原有的抗原性，并可以在机体内繁殖，

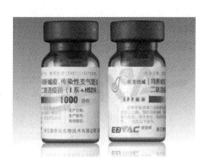

图7-16　活疫苗

从而诱导产生免疫力。现在一般都制成冻干苗，贮存时间长，使用效果佳，可以在冰箱冷冻保存（马立克疫苗的细胞结合型疫苗需要在液氮中保存），但要注意避免反复冻融。现在大部分疫苗采用此方法，比如新城疫、法氏囊等。异源苗是指具有共同保护性抗原的不同种病毒制备的疫苗，比如马立克氏病的火鸡疱疹病毒疫苗。另外基因缺失苗、基因工程活载体疫苗、病毒抗体复合疫苗等也属于活疫苗。

2.灭活苗

灭活苗（图7-17）指病原微生物经过理化的方法灭活后，

图7-17　灭活苗

仍保持免疫原性，接种后可使动物产生特异性免疫力。由于灭活后在鸡体内不能繁殖，因此使用剂量较大，而且需要加入一定的佐剂来增加免疫效果。优点是研制周期短、使用安全、易于保存。可以分为组织灭活苗、油佐剂灭活苗和氢氧化铝胶灭活苗。

组织灭活苗是用患传染病的病死鸡的典型病变组织或者病原接种鸡胚后孵化一定时间的鸡胚组织，经碾磨、过滤、灭活制备而成，这种苗被称为自家苗，即用于发病本场。此法对不明病原的传染病可以起到很好的控制效果，如用于大肠杆菌、巴氏杆菌病的防治中。

油佐剂灭活苗系指经灭活的抗原液与矿物油混合乳化而成的疫苗，油苗免疫效果好，免疫期也较长，但价格较高，可根据实际情况使用，现在一般禽流感疫苗都是此种。

氢氧化铝胶灭活苗系经灭活的抗原液加入氢氧化铝胶制成。铝胶苗制备方便、价格低，免疫效果好，但往往吸收困难，容易在体内形成结节，影响鸡肉品质。

3. 基因疫苗

基因疫苗是指不能在体内增殖，但可被细胞吸纳，并在细胞内指导合成疫苗抗原。

4. 其他划分方法的疫苗种类

（1）单价疫苗　指利用同一种微生物菌（毒）株或同一微生物中单一血清型菌（毒）株的增殖培养物制备的疫苗。

（2）多价疫苗　是指同一种病毒（细菌）的若干血清型增殖培养物制备的疫苗，可以预防此种病毒（细菌）多种血清型引起的疾病，如传染性支气管炎多价苗。

（3）多联疫苗　也叫混合疫苗，是指两种或者两种以上的病毒（细菌）联合制成的疫苗，一次免疫可以预防接种病原引起的多种疾病，如新城疫 – 减蛋综合征 – 传染性法氏囊病三联苗。

（二）类毒素

又称为脱毒毒素，是指细菌生长繁殖过程中产生的外毒素，经化学药品（甲醛）处理后，成为无毒性但保留免疫原性的生物制剂。

（三）诊断制品

利用微生物、寄生虫及其代谢产物，或动物血液、组织，根据免疫学和分子生物学原理制备，可用于诊断疾病、群体检疫、监测免疫状态和鉴定病原微生物的生物制剂。

（四）高免血清

也叫抗病血清，为含有特异性抗体的动物血清制剂，用于治疗或者紧急预防相应病原体所致的疾病，如鸡新城疫卵黄抗体等。

（五）微生态制剂

也叫益生素、活菌制剂等，是用非病原微生物，如乳酸杆菌、双歧杆菌等活菌制剂，来治疗畜禽正常菌群失调的症状。现在已经有许多微生态制剂作为饲料添加剂。

（六）副免疫制品

主要是通过刺激动物机体，提高特异性和非特异性免疫能力的制品。如多糖、脂多糖、细胞因子等。

三、疫苗在使用中的注意事项

（一）疫苗的保存和使用

疫苗应由专人负责保存和使用，免疫前要仔细核对疫苗种类、有效期、稀释液、免疫程序等。开启后的疫苗瓶应反复放入稀释液洗涤，在稀释器皿中上下振摇，力求稀释均匀。

（二）疫苗稀释液的选择

应使用由疫苗生产商专门提供的（如马立克氏病疫苗等），如果未提供，一般应使用灭菌的生理盐水。大群饮水或气雾免疫时应使用蒸馏水或去离子水稀释，注意通常的自来水中含有消毒剂，不宜用于疫苗的稀释。

（三）疫苗的稀释

疫苗要现用现稀释。

（四）正确使用免疫增强剂

免疫增强剂、保护剂等要正确使用，脱脂奶粉可以作为保护剂保护疫苗，免疫增强剂要在免疫前3天使用，每天2次。

（五）免疫前后的注意事项

免疫前3天可以使用免疫增强剂将机体调节到最佳状态，也可以使用维生素电解质减少应激，免疫前1天要停止消毒。免疫时抓鸡要做到轻拿轻放，准确迅速，免疫部位要正确，剂量要准确。免疫后要及时处理免疫器具和空瓶、残余疫苗，切勿乱丢弃；免疫后2天内不可以消毒，也不能使用对免疫有抑制作用的药物。

四、疫苗免疫接种途径的选择

免疫途径要根据疫苗类型、疾病特点及免疫程序来选择每次免疫的接种途径，一般可分为点眼、滴鼻、滴口、刺种、注射、饮水、气雾等。

（一）肌内注射法

将稀释后的疫苗用注射针注射在鸡腿、胸或翅膀肌肉内（图7-18）。注射腿部应选在腿外侧无血管处，顺着腿骨方向刺入，避免刺伤血管神经；注射胸部应将针头顺着胸骨方向，选中部并倾斜30°刺入，防止垂直刺入伤及内脏；2月龄以上的鸡可注射翅膀肌肉，要选在翅膀根部肌肉多的地方注射。此法适合新城

图7-18　肌内注射法

疫 I 系疫苗、油苗及禽霍乱弱毒苗或灭活苗。

　　要确保疫苗被注射到鸡的肌肉中，而不是羽毛中间、腹腔或是肝脏。有些疫苗，比如细菌苗通常建议皮下注射。

（二）皮下注射法

　　将疫苗稀释，捏起鸡颈部皮肤刺入皮下（图 7-19），防止伤及鸡颈部血管、神经。此法适合鸡马立克疫苗接种。

　　注射前，操作人员要对注射器进行检查和调试，每天使用完毕后要用 75% 的酒精对注射器擦拭消毒。注射操作的控制重点为检查注射部位是否正确，注射渗漏和出血情况及注射速度等。

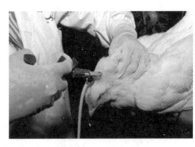

图 7-19　皮下注射法

要经常检查针头情况，建议每注射 500~1 000 羽更换一次针头。注射用灭活疫苗须在注射前 5~10 小时取出，使其慢慢升至室温，操作时注意随时摇动。要控制好注射免疫的速度，速度过快容易造成注射部位不准确，油苗渗漏比例增加，但如果速度过慢也会影响到整体的免疫进度。另外，针头粗细也会影响注射结果，针头过粗，对颈部组织损伤的概率增大，免疫后出血的概率也就越大；针头太细，注射器在推射疫苗过程中阻力增大，疫苗注射到颈部皮下的位置与针孔位置太近，渗漏的比例会增加。

（三）滴鼻点眼法

　　将疫苗稀释摇匀，用标准滴管各在鸡眼、鼻孔滴一滴（约 0.05 毫升），让疫苗从鸡气管吸入肺内、渗入眼中（图 7-20）。此法适合雏鸡的新城疫 II、III、IV 系疫苗和传染性支气管炎、传

图 7-20　滴鼻点眼法

染性喉气管炎等弱毒疫苗的接种，它使鸡苗接种均匀、免疫效果较好，是弱毒苗的最佳方法。

点眼通常是最有效的接种活性呼吸道病毒疫苗的方法。点眼免疫时，疫苗可以直接刺激鸡眼部的重要免疫器官——哈德氏腺，从而可以快速地激发局部免疫反应。疫苗还可以从眼部进入气管和鼻腔，刺激呼吸道黏膜组织产生局部细胞免疫和 IgA 等抗体。但此种免疫方法对免疫操作要求比较细致，如要求疫苗滴入鸡眼内并吸收后才能放开鸡。判断点眼免疫是否成功的一种有效方法就是在疫苗液中加入蓝色染料，在免疫后 10 分钟检查鸡的舌根，如果点眼免疫成功，则鸡的舌根会被蓝色染料染成蓝色。

（四）刺种法

将疫苗稀释，充分摇匀，用蘸笔或接种针蘸取疫苗，在鸡翅膀内侧无血管处刺种（图 7-21）。需 3 天后检查刺种部位，若有小肿块或红斑则表示接种成功，否则需重新刺种。该法通常用于接种鸡痘疫苗或鸡痘与脑脊髓炎二联苗，接种部位多为翅膀下的皮肤。

翼膜刺种鸡痘疫苗时，要避开翅静脉，并且在免疫 7~10 日后检查"出痘"情况以防漏免。接种后要对所有的疫苗瓶和鸡舍内的刺种器具做好清理工作，防止鸡只的眼睛或嘴接触疫苗而导致这些器官出现损伤。

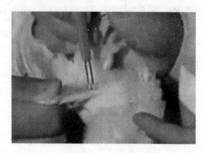

图 7-21　刺种法

（五）饮水免疫

饮水免疫前，先将饮水器挪到高处（图 7-22），控水 2 小时；疫苗配制好之后，加到饮水器里，在 2 小时内让每一只鸡都能喝到足够的含有疫苗的水（图 7-23）。

饮水免疫注意事项如下。

图 7-22　饮水器挪到高处

图 7-23　雏鸡在喝疫苗水

① 在饮水免疫前 2~3 小时停止供水，因鸡口渴，在开始饮水免疫后，鸡会很快饮完含有疫苗的水。若不能在 2 小时内饮完含有疫苗的水，疫苗将会开始失效。

② 贮备足够的疫苗溶液。

③ 使用稳定剂，不仅可以保护活疫苗，同时还含有特别的颜色。稳定剂包含：蛋白胨、脱脂奶粉和特殊的颜料。这样，您可以知道所有的疫苗溶液全部被鸡饮用。

④ 使用自动化饮水系统的鸡舍，需要检查并确定疫苗溶液能够达到鸡舍的最后部，以保证所有的鸡都能获得饮水免疫。

（六）喷雾免疫

喷雾免疫是操作最方便的免疫方法，局部免疫效果好，抗体上升快、高，均匀度好。但喷雾免疫对喷雾器的要求较高。如 1 日龄雏鸡采用喷雾免疫时必须保证喷雾雾滴直径在 100~150 微米，雾滴过小会进入雏鸡肺内引起严重的呼吸道反应。而且喷雾免疫对所用疫苗也有较高的要求，否则喷雾免疫的副反应较严重。实施喷雾免疫操作前应重点详细检查喷雾器，喷雾操作结束后要彻底清洗消毒机器，而在下一次使用前应用蒸馏水对上述消毒后的部件反复多次冲洗，以免残留的酒精影响疫苗质量，还要加强对喷雾器的日常维护。喷雾免疫当天停止带鸡消毒，免疫前一天必须做好带鸡消毒工作，以净化鸡舍环境，提高免疫效果。

第三节　加强鸡场兽医卫生防疫体系建设

一、鸡场免疫程序的制定

免疫程序是指根据本地区疫病流行情况，结合蛋鸡的品种、日龄、饲养管理水平、母源抗体水平，再结合疫苗的性质、类型、免疫途径、免疫有效期等各方面的情况，制定的一个免疫时间、种类和接种途径程序。目前，没有适用于各地区各养殖场的固定免疫程序，每一个养殖场应根据自己实际情况来制定。

（一）了解场区及周边情况

了解本养殖场、周围养殖场、本地区已经发生过的疾病和发病时的情况；了解本地区和周边鸡场的免疫程序，根据实际情况来确定疫苗种类和大概的免疫时间。

（二）了解鸡群抗体水平

了解鸡群抗体水平，特别是传染性法氏囊病的首免时间的确立，需要通过检测雏鸡母抗水平来制定。

（三）了解疫苗的特性

一般要选毒力弱的疫苗首免，再使用稍强毒力疫苗二免。比如：新城疫疫苗的选择，要先使用Ⅱ系（HB1株）、Ⅲ系（F株）和克隆30（为弱毒化的 Lasota 株）首免，Ⅳ系（Lasota 株）比Ⅱ系毒力稍强，一般进行二免，Ⅰ系苗是中等毒力的疫苗，可用于三免。

（四）了解疫苗的最佳接种途径

每种病原侵入机体的部位不同，选择接种途径的时候要考虑。比如：传染性法氏囊病主要通过消化道感染，所以接种途径是通过口；

呼吸道疾病要通过点眼、滴鼻或者气雾。

（五）了解疫苗的免疫应答时间

有的疫苗之间存在免疫干扰，注意间隔使用，一般应间隔10~18天。

二、蛋鸡参考免疫程序

参考免疫程序，由提供雏鸡的场家根据当地的疾病流行情况和场家的饲养经验制定，选择有普遍参考价值的免疫程序。在各个养殖场制定免疫程序时可参考，必要时可咨询专家。

（一）伊萨褐商品代蛋鸡建议免疫程序（表7-3）

表7-3　伊萨褐商品代蛋鸡免疫程序

日龄	疫苗	接种方法
1	鸡马立克氏病液氮苗	颈部皮下注射
2~3	克隆30+新城疫+传支H120	点眼、滴鼻
8~14	传染性法氏囊活疫苗	饮水、滴口
15	克隆30+新城疫+传支H120	点眼、滴鼻
	新城疫+传支+禽流感三联油苗	注射
20~30	鸡痘	刺种
20~30	传染性法氏囊活疫苗	饮水、滴口
40	传染性喉气管炎活苗	点眼
44	传染性鼻炎油苗	胸肌注射
70	新城疫+传支H52	饮水
80~90	传染性喉气管炎活苗	点眼
	鸡痘	刺种
105	禽流感油苗	注射
120	传染性鼻炎油苗	胸肌注射
155	新城疫+传支二联活苗	饮水
	新城疫+传支+减蛋综合征三联油苗	肌内注射

（二）B-380 商品蛋鸡建议免疫程序（表7-4）

表7-4　B-380 商品代蛋鸡免疫程序

日龄	疫苗	接种方法
1	鸡马立克氏病液氮苗	颈部皮下注射
5	克隆 30+ 新城疫 + 传支 H120	点眼、滴鼻
	新城疫油苗	颈部皮下注射
15	传染性法氏囊活疫苗	饮水、滴口
21	鸡痘	刺种
25	传染性法氏囊活疫苗	饮水、滴口
28	新城疫 + 传支 H52	饮水
35	鸡痘	刺种
45	禽流感油苗	注射
60	新城疫Ⅰ系或克隆Ⅰ系	肌内注射
67	传染性鼻炎油苗	胸肌注射
120	禽流感油苗	肌内或皮下注射
130	新城疫 + 传支 + 减蛋综合征三联油苗	肌内或皮下注射
210	新城疫 + 禽流感二联油苗	肌内或皮下注射

（三）父母代蛋种鸡免疫程序（表7-5）.

表7-5　父母代蛋种鸡免疫程序

日龄	疫苗	接种方法
1	鸡马立克氏病液氮苗	颈部皮下注射
5~7	克隆 30+ 新城疫 + 传支 H120 活疫苗	点眼、滴鼻
7~9	新城疫 + 禽流感二联油苗	颈部皮下注射
12~14	传染性法氏囊活疫苗	饮水、滴口
21	鸡痘	翼下刺种
25	传染性法氏囊活疫苗	饮水
28	新城疫 + 传支 H52	点眼、滴鼻
45	禽流感灭活油苗	肌内注射
60	新城疫Ⅰ系或克隆Ⅰ系	肌内注射

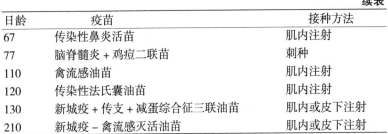

日龄	疫苗	接种方法
67	传染性鼻炎活苗	肌内注射
77	脑脊髓炎＋鸡痘二联苗	刺种
110	禽流感油苗	肌内注射
120	传染性法氏囊油苗	肌内注射
130	新城疫＋传支＋减蛋综合征三联油苗	肌内或皮下注射
210	新城疫－禽流感灭活油苗	肌内或皮下注射

三、鸡场应进行的监测

（一）病原体监测

1. 细菌监测

怀疑鸡群被细菌感染要分离培养鉴定，并做药敏试验找出该菌最敏感的药物来治疗。也可采用血清学方法，如平板凝集试验，可以检测鸡白痢、鸡伤寒等，霉菌毒素采用 ELISA 试剂盒检测。

2. 病毒监测

由于疫苗的广泛使用，病毒为适应环境也发生了相应的变异，现在好多鸡病的临床症状和病变不再那么典型，使得临床诊断变得困难。实验室可以采用血凝抑制试验、琼脂扩散试验等方法，比如：传染性法氏囊病、马立克氏病等都可以通过琼扩试验来检测。

（二）抗体监测

抗体的检测主要用于母源抗体的检测和免疫后鸡群抗体的检测，为合理免疫程序的制定和疫苗效果的评价提供依据。此法也可诊断疾病。

1. 血凝与血凝抑制试验

一般用于鸡新城疫和减蛋综合征的诊断和机体抗体效价的测定。

2. 琼脂扩散试验

可用于传染性法氏囊和马立克氏病的抗体检测。

第七章　鸡病防治基础知识

（三）细菌耐药性检测

随着抗菌药物的广泛使用，细菌的耐药菌株也越来越多，耐药性的产生一方面使得疾病难以治疗，另一方面也会导致药物的残留，影响人类健康。因此，对于治疗鸡细菌性疾病的药物选择，要通过药敏试验，找出效果好、价格低的药物。一般采用纸片法做药敏试验，可以找专业的实验室来做。

四、鸡场兽医防疫体系的建立

鸡场兽医防疫体系包括环境控制、药物防治和生物防疫（免疫）三部分。现代养鸡业兽医防疫体系，要求的不仅仅是用疫苗、血清、抗生素防治典型的特异性疾病，更重要的是防治慢性的、混合感染性疾病。这就要求整个鸡场内要全方位、常年性、全民性的做好防疫工作。除常规的消毒、免疫、治疗外，还需要加强管理，保证营养平衡，优化场区和畜舍环境。鸡场内的诸多因素都和防疫效果有直接或间接的关系，因此，鸡场的防疫措施要形成配套的体系。

（一）保证具备防疫的基础设施

1. 消毒池（室）

鸡场场区大门应有消毒池，生产区入口和各栋舍门口也要有相应的消毒池（垫）。外来人员在大门口换鞋，欲进入生产区需更衣淋浴，本场职工进入生产区也需换鞋更衣。

2. 更衣室

在生产区设立更衣消毒室。更衣室的上方、前后、左右分别安装紫外线灯管，对进入生产区的人员进行5~10分钟的紫外线照射消毒。

3. 兽医室

位于生产区下风向，用作兽医办公、放置药品器械、病死鸡诊断和化验。兽医室应配置相应的防疫器材和检测设备，如冰箱、消毒锅、分析药品和检测仪器、药品柜、消毒喷雾器、治疗和解剖用具、档案柜等。

4. 病死鸡处理场

鸡场应有病死鸡或剖解鸡只处理的专门场所，病死鸡只焚烧或深埋，也可在粪场附近设置 2 个填埋井。

（二）严格执行防疫制度

1. 谢绝外来人员参观

因生产或销售工作需要进入生产区的人员要经场长批准，遵守防疫制度，更衣消毒后方可进入。

2. 禁止进入与接触外来禽产品

工作人员家中不准养鸡，本场职工不准将外购鸡肉及其制品带入生产区。

3. 严格管理饲养人员与饲养器具

饲养人员不串栋闲谈，各栋用具要专用专管，相互替班时须经主管生产的负责人批准。

4. 本场兽医不出诊

本场兽医不得外出就诊，不到别的鸡场搞防疫、治疗和现场指导。

5. 保持消毒池功能

消毒池内的药液要定期有专人更换，保持经常有效。

（三）明确划分防疫责任

1. 门卫

把好鸡场大门，监督外来人员执行本场防疫制度，对要进入场内的人员、车辆、物品进行必要的检查和消毒。

2. 饲养员

严格执行兽医卫生防疫制度，每日定期观察鸡群，发现异常立即报告兽医。配合兽医防疫、消毒、驱虫、治疗，加强鸡群管理，保持舍内清洁干净、空气新鲜，不喂发霉变质的饲料。

3. 兽医（技术人员）

具体完成本场防疫制度的贯彻落实工作，发现违章行为及时纠正。发现重大疫情和不明疫病，立即报告场长（主）和动物防疫部门，提出防制意见。日常工作包括：鸡群免疫、驱虫、消毒、治疗，病死鸡的诊断和处理、疫病的检测和跟踪，保管场内疫苗、药品、器械，整理疫病资料、归类存档。

4. 场长

从各个方面、各个环节使鸡场在整体上具备防疫的条件。健全防疫制度和措施，并监督执行。发现疫情时，应及时采取措施，组织力量扑灭。

（四）定期进行疫病监测

鸡场应进行经常性的疫病检测工作，以便监控场内疫病情况、免疫抗体水平，也为本场的防疫工作提供客观依据。尤其本地区、本季节暴发和流行严重的传染病更应该加强检测，以便作出及时反应。同时，对场内使用的疫苗、消毒剂的质量也要进行检测、检查，以保证其确实有效。

第四节　蛋鸡生产中疫病的综合防治措施

蛋鸡生产中不可避免地要遇到疾病的问题，不管是病毒性、细菌性还是其他疾病，都直接影响到鸡蛋、鸡肉的品质，最后影响到消费者的身体健康。近年来鸡的疫病不断发生，严重影响了养鸡业的发展。因此，做好疫病的预防与控制是蛋鸡养殖场的首要任务。

鸡病的防治原则是"防重于治，养防结合"，它的发生是多种疾病因素共同作用的结果，养殖生产中要从传播途径、传染源、易感群体多方面做好预防控制工作。只有采取综合的防控措施，才可以收到防治的效果。

一、增强意识，防重于治

（一）遵守国家相关的法律、法规

国家和各省、自治区、直辖市政府主管部门都制定了畜禽生产与疫病防治的法律法规，这些规定都是国家根据实际生产的需要，为确保养殖安全制定的。如《兽药管理条例》《雏鸡疫病检测技术规程》《畜禽产品消毒规范》《畜禽粪便无害化处理技术规范》《商品蛋鸡的养殖规范》等。生产和经营管理者必须严格按照相应的规定进行。

（二）提高养殖人员素质

从事蛋鸡的生产经营与管理者应该从疫病防治的角度出发，制定相应的蛋鸡场养殖制度和卫生防疫制度，并且在生产中严格按照执行，不出现漏洞。从事养殖的工人要从思想上认识到疫病对养殖生产的危害，从鸡场的利益出发，不折不扣地执行相应的法规与制度。不能因为个人利益关系就不按章办事。

热应激是由于外界温度持续超过鸡体适宜温度，而引起鸡体温度升高，呼吸频率增加，张口呼吸不止，产蛋率下降，死亡率增加的一种特殊应激。养殖户应采取综合预防措施，以尽量减少热应激对鸡群的不良影响。

主要措施有：禽舍外顶及周围设遮阳装置，防止阳光直射；禽舍内顶可安装风扇，加强空气的流动；地上洒水，鸡体喷水。实践证明，开放式鸡舍温度达29℃时，笼养鸡体喷水，可降低鸡体温度和呼吸频率，停止张口呼吸，恢复采食。只喷地面则收不到预期效果。饲料方面要提高日粮的营养浓度（在饲料中添加1%~5%的豆油等），在鸡只采食量降低的情况下，摄入的能量不会减少。添加电解质和维生素等，可以添加碳酸氢钠等来维持鸡体内酸碱平衡；可添加B族维生素和维生素C（0.02%~0.04%）；可添加维生素E，来保护细胞膜和防止氧化的作用，还可缓解高温时肾上腺素的释放，提高抗病力；添加香味素，吸引鸡只采食；添加中草药可清热泻火、清热燥湿、清热凉血、开胃消食等。改变饲喂时间，推后或提前避开高温区段，以增加鸡只采食量。保证充足的饮水，补充水分很重要，全天饮水不能中断。

二、建立严格的卫生防疫制度

严格的卫生防疫制度，有利于鸡场的安全生产，因此要根据实际生产制定，并严格执行，要有专人进行兽医卫生防疫制度的制定、完善、领导、实施和监督检查工作。

（一）入口卫生防疫制度

① 大门要求关闭，一切车辆、人员不准入内，办事者必须到传达室登记、检查，经同意后必须经过消毒池方可入内，自行车和行人从小门经过脚踏消毒池后方准进入，消毒池内投放 2%~3% 的火碱水，每 3 天更换一次，保持有效。

② 不准带进任何畜禽及其产品，特殊情况由门卫代为保管并报场部。

③ 进入场内的人员、车辆必须按门卫指示地点和路线停放和行走。

④ 做好大门内外卫生和传达室卫生工作，做到整洁、整齐、无杂物。

（二）生产区卫生防疫制度

① 生产区谢绝参观，非生产人员未经场部领导同意不准进入生产区，自行车和其他非生产用车辆不准进入生产区，必须进入生产区的车、人员应身着消毒过的工作衣、鞋、帽，经过消毒池后方可进入，消毒池投放 3% 的火碱，并且每 3 天更换一次，保持有效。

② 生产区内决不允许闲杂人员的出现。

③ 非生产需要，饲养人员不要随便出入生产区和串舍。

④ 生产区内的工作人员必须管好自己所辖区域的卫生和消毒工作；外界环境，正常情况下，春夏每周用 2%~3% 火碱水消毒一次，

秋冬每半月消毒一次。

⑤饲养员、技术人员工作时间都必须身着卫生清洁的工作衣、鞋、帽，每周洗涤一次或两次（夏季），并消毒一次，工作衣、鞋、帽不准穿出生产区。

⑥生产区设有净道、污道，净道为送料、人行专道，每周消毒一次；污道为清粪专道，每周消毒两次。

（三）鸡舍卫生防疫制度

①未经场部技术人员和领导同意，任何非生产人员不准进入鸡舍，必须进入鸡舍的人员经同意后应身着消毒过的工作衣、鞋、帽，经消毒后方可进入，消毒池内的消毒液每两天更换一次，保持有效。

②工作人员每天都要消毒手。

③工作用具每周消毒最少两次，并要固定鸡舍使用，不得串用。

④每月的1号和16号进行一次鸡群喷雾消毒。

⑤饲养员要每天保持好舍内外卫生清洁，每周消毒一次，并保持好个人卫生。

⑥每天清粪两次，清粪后要冲刷清洗粪锨、扫帚。

⑦饲养员要每天观察饲养的鸡只，发现异常及时汇报并采取相应的措施。

⑧对鸡群按指定的免疫程序和用药方案免疫和用药，并加强饲养管理，增强鸡群的抵抗力。

⑨兽医技术人员每天要巡视鸡群，发现问题及时处理。

⑩饲养人员每天都要按一日工作程序规定要求工作。

（四）发现疫情后的紧急措施

①当鸡群发生疫情时，要立即报告场部领导及兽医卫生防疫领导小组，及早隔离或淘汰病鸡，对死淘的鸡只用不漏水的专车或专用工具送往诊断室诊断或处理车间处理，不准在生产区内解剖和处理。

②立即成立疫情临时控制领导小组，负责对以上工作进行综合控制和监督检查。

③ 及时确定疫情发生地点，并控制，尽量把病情及其污染程度局限在最小的范围内，并严格控制人员的流动。饲养员及疫点内的工作人员不能随便走出疫点，并严格限制外界人员进入鸡场。

④ 对疫点及周围环境从外到内实行严格彻底的消毒，饲养设备和用具，工作衣、鞋、帽全部消毒。

⑤ 早诊断、早治疗疫病；作出正确诊断后，对其他健康鸡群和假定健康鸡群先后及时地进行相应的紧急免疫接种。

⑥ 加强鸡群的饲养管理，喂给鸡群以富含维生素的优质全价饲料，供给以新鲜清洁的饮水，增强鸡群的抵抗力。

（五）对供销的兽医卫生防疫要求

① 本场对饲养鸡只采取全进全出制。

② 不从疫区购买饲料，不准购进霉败变质饲料。

③ 不从疫区和发病区购买鸡苗。

④ 从外地购进鸡苗时，应会同兽医技术人员一起了解当地及其周边地区的疫情及所购鸡群的免疫情况及用药情况等，并经当地兽医检疫机构检疫后签发检疫证明，才能购入。

⑤ 对所购鸡苗入场前要严格消毒后放入隔离观察栏饲养。

⑥ 销售鸡只时，应经兽医技术人员检查批准后备档方可销售。

三、建立严格的消毒制度

（一）生产区

1.进出口

进出口经常成为疫病的主要传播途径，进出的人员、车辆、动物、工具都有可能携带疾病而污染鸡场。因此各个进出口，包括大门、后门、生产区和鸡舍入口等必须设置消毒池或者消毒垫，并定期更换消毒液。

2.鸡舍

鸡舍的消毒主要是在周转出鸡群后，进行一次彻底消毒，防止上一批的鸡留下病原。先清理鸡舍，把能挪动的物品都搬出在阳光下晒，并对鸡舍用高压水枪彻底清洗，从屋顶到墙、地面、门窗等。待干燥后喷洒消毒药水，空置一个月以上，用之前要火焰和甲醛熏蒸消毒。

3. 带鸡消毒

带鸡消毒是指在蛋鸡生长和生产过程中，对存栏的鸡群消毒，它可以减少环境中的病原微生物和微尘。一般对鸡体和鸡舍内环境都进行喷雾消毒，注意选择的消毒药要没有刺激性。也可以在饮水中加入适量的消毒药进行消毒，主要是杀灭水中含有的病原微生物。

4. 其他

要对生产区内的其他空地定期喷雾消毒，减少养殖环境中飞尘和病菌，包括鸡舍的空地、粪场、道路等。

（二）非生产区

1. 管理区

因人员来往比较多，因此不光是在入口设立消毒池，也要对整个环境定期喷雾消毒。

2. 围墙内外

病源的传播很可能依靠的是飞鸟或者风，因此对场区周围的环境也要定期喷雾消毒，主要是防止飞鸟和老鼠的进入。

四、免疫预防

对于严重影响蛋鸡生产的病毒性疾病和一些其他疾病已经有许多的免疫预防措施，多数的疾病在接种后均可产生较好的免疫保护，具体的免疫程序参照上一节介绍。

五、药物防控

药物防控主要是控制细菌性疾病和寄生虫类疾病，可以通过饮水、拌料、肌注的方式给药，可以有效地抑制或者杀灭病原微生物。具体的操作参见上一节。

第八章
蛋鸡常见病防治

第一节　常见病毒性传染病的防治

一、新城疫

鸡新城疫也称亚洲鸡瘟、真性鸡瘟或鸡瘟。病原体为鸡新城疫病毒，各日龄鸡均易感染。以下痢、呼吸困难和出现神经症状为主要特征的急性、烈性传染病，可分为最急性、急性、亚急性、慢性四个类型。

任何日龄、任何品种的鸡、一年四季均可发生，但其以寒冷季节及气候多变季节常见。30~50日龄常见，蛋鸡产蛋期也有发生。

最急性和急性鸡瘟发病时间短，死亡率高，对鸡产蛋影响比较大的是亚急性和慢性鸡瘟，有时也称为非典型鸡瘟。非典型性鸡瘟的鸡群一般表现呼吸道症状：病鸡咳嗽、啰音、呼吸困难、眼睑肿胀、鸡冠萎缩颜色发紫、病鸡有时拉黄色或绿色稀粪。严重时产蛋下降20%~30%，有时达50%以上。蛋品质降低，白壳蛋、软壳蛋、畸形蛋增多，把蛋打开，蛋白稀的像水一样。

剖检，典型新城疫腺胃乳头出血，盲肠扁桃体出血坏死，肠道表面可见多处呈枣核状的紫红色变化。非典型新城疫，腺胃肌胃无明显出血变化，肠道与盲肠扁桃体偶有出血严重，直肠和泄殖腔黏膜一般出血，卵黄蒂前后的淋巴结出血。

防治：

①带鸡喷雾消毒。

②选用抗病毒药＋抗菌药（抑制病毒复制和防止继发感染）连用3天。用完药后48小时用克隆–30或Ⅳ系1~3倍剂量紧急接种。

③发病期间饮水或拌料多维，以增强机体自身抵抗力。

④特别典型和严重的鸡群，注射新城疫卵黄抗体。

二、禽流感

禽流感是由A型病毒引起的一种急性高度接触性传染病，一年四季均可发生，不分品种、年龄，尤以寒冷季节多发。鸟类、人类和低等哺乳动物对A型流感病毒均易感。

感染禽流感的鸡群临床症状呈多样性，可分为呼吸型、神经型和生殖型等。病鸡体温升高，精神沉郁；咳嗽、啰音、流泪、脸部和头部肿胀，鸡冠、肉髯、皮肤和脚趾鳞片发紫；拉黄、白色稀粪，产蛋下降，畸形蛋、褪色蛋及软壳蛋增多；个别的还伴有神经症状。

剖检，头部水肿及肉垂、鸡冠、腿部发绀、充血；气管黏膜水肿、充血，有浆液性或干酪样分泌物；窦腔肿胀、气囊肿胀、增厚并有纤维素性或干酪样渗出物；肝脏、脾脏肿大、坏死；腺胃乳头溃疡、出血，肠道广泛性出血；卵泡肿胀、充血，输卵管充血，有时伴有卵黄性腹膜炎。

防治：本病尚无有效化学药物治疗，可用沙星类药物防治病菌感染。平时应以预防为主，在疫区用油乳剂灭活苗免疫接种，对发病鸡群予以淘汰处理。

三、减蛋综合征

本病主要发生于产蛋鸡和青年母鸡，其他日龄鸡可感染，但无病状，也见于25~34周龄产蛋高峰期鸡群。发病时病鸡精神、采食、饮水、粪便基本正常，产蛋量逐日下降。蛋壳颜色变浅或出现大量薄壳蛋、软皮蛋、无壳蛋及畸形蛋。一般持续3周左右，然后缓慢回升，快慢不等，有时也可能恢复到原来水平。

本病缺乏特征性病变，有时鸡会出现卡他性肠炎，卵巢萎缩或出血，子宫及输卵管有炎症，输卵管管腔内有白色渗出物，黏膜水肿、苍白及肥厚。

防治：开产前接种 EDS 油乳剂灭活苗，可预防本病。淘汰带毒病鸡，搞好消毒、卫生。

四、传染性支气管炎

传染性支气管炎是一种急性呼吸道病，高度接触性传染，以气管啰音、咳嗽、打喷嚏为主要特征。就目前来说分呼吸型、肾型、生殖型及腺胃型传支等。

感染生殖型传支的鸡群，有呼吸道症状，产蛋率下降，同时有软壳蛋、变形蛋、砂皮蛋、浅色蛋和白皮蛋，蛋清水样，易与蛋黄脱离，严重时可导致卵黄性腹膜炎。

呼吸型传支伴随肾型传支，出现拉稀，严重时损伤肾脏，尿酸盐不再随粪排出，造成尿酸盐沉积，也就是内脏痛风。

腺胃型传支鸡只渐进性消瘦，羽毛松乱、呆立、垂翅、体重减轻，有时伴有呼吸道症状，表现咳嗽、啰音等。

剖检，病鸡气管、鼻道和窦中有浆液性或卡他性的渗出物，气囊混浊有黄色干酪样渗出物，腺胃黏膜水肿，患腺胃炎的鸡腺胃严重肿大，腺胃壁明显增厚，黏模少数出现溃疡出血，肝脏瘀血肿大，脾稍肿，肺充血；气管内有黏液，环状出血；卵泡充血、出血或萎缩，输卵管缩短，黏膜变得肥厚、粗糙；肾脏肿大苍白，肾小管和输尿管充满尿酸盐；直肠黏膜条状出血，泄殖腔内有大量石灰水样稀粪。

防治：首先做好疫苗接种工作，用肾型苗或 H120 作紧急接种，同时用利尿药、口服补液盐或补维生素 A、维生素 C、速补 –18、速补 –24 等，也可用广谱抗菌药和抗病毒药。

五、传染性喉气管炎

传染性喉气管炎是鸡的一种急性疾病，以呼吸困难、咳嗽和咳出血凝黏液为特征。一般分为急性型和温和型。急性感染的特征性症状为流涕和湿性啰音，随后出现咳嗽和气喘。严重的病例以明显的呼吸困难和咳出血样黏液为特征。温和型的症状为体质瘦弱，产蛋下降，产褪色蛋和软壳蛋较多，呼吸困难，伸头张嘴呼吸，有时发出"咯咯"的叫声。病鸡咽喉有黏液或干酪样堵塞物，流泪、结膜发炎、眶下窦肿胀，持续性流涕以及出血性结膜炎。一般拉白色或绿色稀粪。

剖检，以气管与喉部组织的病变最常见。病鸡的喉黏膜出血，喉头和气管出血、坏死，黏膜肥厚，气管内有血栓和黄色或白色干酪样渗出物。

防治：做好免疫接种工作，保持清洁卫生。一旦确定本病立即用 ILT 疫苗点眼。有呼吸困难症状的鸡，可用氢化可的松和青、链霉素混合喷喉或在饲料中加碘胺类药物，同时用电解多维饮水，以减轻应激。

六、禽脑脊髓炎

禽脑脊髓炎是一种主要危害 2~3 周龄雏鸡的病毒性传染病。其特征是共济失调、瘫痪、腿软无力及头颈震颤。患病雏鸡小脑充血、坏死，中枢神经系统有弥散性或非化脓性的脑脊髓炎损害。产蛋鸡一般无明显的临床症状，有时表现轻微拉稀或采食量稍有减少，产蛋量下降，蛋壳颜色变浅，10 天左右可自行恢复，约 20 天可达到正常水平。

病鸡剖检病变不明显，除在脑部见到充血、水肿外，不易发现其他明显的肉眼变化，严重的病鸡常见肝脏脂肪变性，脾脏肿大及轻度肠炎。

防治：搞好卫生消毒工作，在蛋鸡开产前接种 AE 油乳剂灭活苗。

七、鸡肿头综合征

一般认为鸡肿头综合征是由肺病毒引起的一种鸡的急性传染性呼吸道病。病鸡以头部肿大和呼吸障碍为特征。患鸡肿头综合征的鸡，一般表现为呼吸困难，打喷嚏，鼻腔内有泡沫状分泌物，患鸡用爪搔

抓面部，表现面部疼痒，头部皮下水肿、颌下水肿，歪颈，有神经症状，产蛋率严重下降，刚进入产蛋高峰的鸡多发。

剖检，可见在鼻骨黏膜中有细小、淤血斑点，严重的黏膜出现广泛的由红到紫的颜色变化。

防治：搞好卫生，合理通风换气；在饲料中添加抗生素可减轻疾患；1日龄接种弱毒疫苗。

八、马立克氏病

病鸡和带毒鸡是传染源，尤其是这类鸡的羽毛囊上皮内存在大量完整的病毒，随皮肤代谢脱落后污染环境，成为在自然条件下最主要的传染源。主要通过空气传染，经呼吸道进入体内，污染的饲料、饮水和人员也可带毒传播。孵房污染能明显增加刚出壳雏鸡的感染性。

1日龄雏鸡最易感染，2~18周龄鸡均可发病，母鸡比公鸡易感性高。来航鸡抵抗力较强，肉鸡抵抗力低。潜伏期常为3~4周，一般在50日龄以后出现症状，70日龄后陆续出现死亡，90日龄以后达到高峰，很少晚至30周龄才出现症状，偶见3~4周龄的幼龄鸡和60周龄的老龄鸡发病。本病的发病率变化大，一般肉鸡为20%~30%，个别达60%，产蛋鸡为10%~15%，严重达50%，死亡率与之相当。

根据病变发生的主要部位和症状，可分为神经型、内脏型、眼型和皮肤型。

神经型多见病鸡步态不稳，运动失调，一侧或双侧瘫痪。如翅膀下垂，腿不能站立，一腿向前，一腿向后劈叉姿势。剖检见腰荐神经、坐骨神经、臂神经粗2~3倍，横纹消失。

内脏型临床表现食欲减退、精神沉郁、肉垂苍白，腹泻，腹部往往膨大，直至死亡。剖检见卵巢、肝、脾、心、肾、肺、腺胃、肠、胰腺等内脏器官形成肿瘤，似猪脂样。

眼型虹膜褪色，瞳孔边缘不规则（呈锯齿状），瞳孔变小，病的后期眼睛失明。

皮肤肌肉型常在皮肤和肌肉形成大小不等的肿瘤，质地硬。

防治：因雏鸡对该病毒的感染率远比大龄鸡高，因而保护雏鸡是预防该病的关键措施。1日龄，用火鸡疱疹病毒疫苗，CV1998液氮苗；为防止超强毒感染，可用联苗（马立克氏病毒苗与HVT联合使用）进行主动免疫。可在稀释液中加4%犊牛血清，以保护疫苗效价，稀释的疫苗必须在1~2小时内用完，否则废弃。每只鸡接种剂量为2羽份。

孵化室、育雏室要远离大鸡舍，应在上风头，对房舍、用具等严格消毒，到雏鸡舍应换鞋、更衣、洗手，禁止非工作人员入内，3周龄内应严格隔离饲养。

九、鸡痘

由鸡痘病毒引起的一种急性、热性传染病，各种年龄的鸡都有易感性。一年四季都可发生，蚊虫多的季节多见。环境条件恶劣、饲料中缺乏维生素等均可促使本病发生。

临床上主要表现3种类型，即皮肤型、黏膜型（白喉型）和混合型。

皮肤型病鸡在鸡体无羽毛部位，如鸡冠、肉垂、眼睑、翼下、腿部皮肤上形成痘疹，死亡很少，但可导致发育迟缓，产蛋率降低。眼睑发生痘疹时，由于皮肤增厚，使眼睛完全闭合。病情较轻不引起全身症状，较严重时，则出现精神不振、体温升高、食欲减退，成鸡产蛋减少等。

黏膜型（白喉型）病鸡病初出现鼻炎症状，从鼻孔流出黏性鼻液，2~3天后先在黏膜上生成白色的小结节，稍突起于黏膜表面，以后小结节增大，形成一层黄白色干酪样的假膜，这层假膜很像人的"白喉"，故又称为白喉型鸡痘。如用镊子撕去假膜，下面则露出溃疡灶。病鸡全身症状明显，精神萎靡，采食与呼吸发生障碍，脱落的假膜落入气管可致窒息死亡。

有些混合型病鸡在头部皮肤出现痘疹，同时在口腔出现白喉病状。

一般秋季和初冬发生皮肤型鸡痘较多，冬季则以白喉型鸡痘常见。

防治：此病使用疫苗免疫 2 次，可很好控制。一般 2~3 周龄首免，4~5 月龄第二次接种。刺种为首选免疫方法，肌内注射或饮水等免疫方法效果不好，易造成免疫失败。

夏秋季节，做好蚊虫的驱杀工作，以防感染。避免各种原因引起的啄癖或机械性外伤。

对病鸡可采取对症疗法。皮肤型的可用消毒好的镊子把患部痂膜剥离，在伤口上涂一些碘酒或龙胆紫；黏膜型的可将口腔和咽部的假膜斑块用小刀小心剥离下来，涂抹碘甘油（碘化钾 10 克，碘片 5 克，甘油 20 毫升，混合搅拌，再加蒸馏水至 100 毫升）。剥下来的假膜烂斑要收集起来烧掉。眼部内的肿块，用小刀将表皮切开，挤出脓液或豆渣样物质，使用 2% 硼酸或 5% 蛋白银溶液消毒。

第二节　常见细菌性传染病的防治

一、大肠杆菌病

由大肠埃希氏杆菌引起的鸡的一种条件性疾病。一年四季均可发生，有养鸡的地方就有该病发生，侵害各种年龄的鸡。虽然大肠埃希氏杆菌对多数抗生素敏感，但因极易产生耐药性，所以在有些鸡场遇到无药可施的地步，而蒙受巨大的经济损失。

由于大肠杆菌血清型及感染途径不同，临床上大肠杆菌病可表现多种形式。

大肠杆菌性败血症病鸡，不表现明显的临床症状就突然死亡，离群呆立，羽毛松乱，采食量下降或不采食，排黄白色稀粪，肛门周围羽毛污染。特征性病变为心包炎、肝周炎、腹膜炎，有的有气囊炎。

卵黄性腹膜炎型病鸡，病鸡的输卵管因感染大肠杆菌而产生炎症，致使输卵管伞部粘连，漏斗部的喇叭口在排卵时不能打开，卵泡因此不能进入输卵管而坠入腹腔。广泛的腹膜炎产生大量毒素，引起发病母鸡死亡。剖检可见腹腔内积有大量卵黄，肠道和脏器相互粘连。

输卵管炎型病鸡，输卵管充血、出血，内有大量分泌物，产生畸形蛋，产蛋减少或停产。

肠炎型病鸡，肠道黏膜表面有大量出血斑，腹泻；病鸡肛门下方羽毛潮湿、污秽、粘连。

卵黄囊炎和脐炎型病鸡，在种蛋感染大肠杆菌后，入孵后出雏的小鸡，卵黄吸收及脐带收缩不良，排出下痢便，腹部膨满，在2~3日龄时死亡最多，超过1周龄后死亡减少。

防治：受大肠杆菌威胁严重的鸡场，最好分离大肠杆菌，通过药敏试验选择敏感药物。无条件进行药敏试验的鸡场，可选用新霉素、氟苯尼考、丁胺卡那、恩诺沙星、环丙沙星等药物防治。

加强饲养管理，减少鸡群生理应激。在控制慢性呼吸道病、传染性法氏囊病、禽流感、新城疫、马立克氏病等病毒性疾病时，要同时投喂对大肠杆菌敏感的药物，防止继发感染。

二、传染性鼻炎

由副鸡嗜血杆菌引起的呼吸道病，以水样乃至脓性鼻汁漏出、颜面水肿为特征。雏鸡、育成鸡影响增重，产蛋鸡的卵巢受侵害，产蛋明显下降。

潜伏期短，传播速度快，易感鸡与感染鸡接触后可在1~3天内出现症状，可通过病鸡、饲料、饮水、养鸡器具、衣服等传播。与饲养环境有密切关系，秋冬季节通风不良的鸡舍容易发生。

传染性鼻炎主要特征有喷嚏、发烧、鼻腔流黏液性分泌物、流泪、结膜炎、颜面、眼周围肿胀和水肿。发病初期用手压迫鼻腔可见有分泌物流出；随着病情发展，鼻腔内流出的分泌物逐渐黏稠，并有臭味；分泌物干燥后于鼻孔周围结痂。病鸡精神不振，食欲减少，病情严重者引起呼吸困难和啰音。

传染性鼻炎的病理变化在感染后20小时可见，鼻腔、窦黏膜和气管黏膜出现急性卡他性炎症，充血、肿胀、潮红，表面覆有大量黏液，窦内有渗出物凝块或干酪样坏死物；眼部经常可见卡他性结膜炎；严重时可见肺炎和气囊炎。在产蛋鸡输卵管内可见黄色干酪样分泌物。

防治：对本病敏感的药物有磺胺类药、卡那霉素、链霉素等。用A型、B型或C型菌单价疫苗或混在一起的多价苗，在预计暴发前2~3周接种，一般需要接种2次，间隔5周以上。

不从不明来源处引进鸡群；健康鸡与康复鸡要远距离隔离饲养；发病鸡群淘汰后，要对鸡舍和设备进行彻底清洗和消毒，空舍2~3周后再进新鸡。降低饲养密度，改善鸡舍的通风条件，做好消毒。定期消毒鸡舍内外，减少病菌的传播，给鸡群供应充足的营养物质。

第三节　寄生虫病的防治

一、球虫病

由单细胞生物引起的鸡盲肠和小肠出血、坏死为特征的寄生性原虫病。主要感染2周龄以上的雏鸡和育成鸡，特别是阴雨潮湿季节及圈舍拥挤、卫生差的鸡舍。蛋鸡育成期限饲阶段引起本病，多因鸡采食被球虫卵囊污染的粪便、垫料后经消化道感染。

盲肠球虫病鸡表现无神、拥挤在一起、翅膀下垂、羽毛松乱、闭眼昏睡、便血、鸡冠苍白，剖检贫血、肌肉苍白，盲肠肿大、内充满大量血液或血凝块。

小肠球虫病程长，病鸡表现消瘦、贫血、苍白，食少、消瘦、羽毛蓬松、粪便带水，消化不良或棕色粪便，两脚无力，瘫倒不起，脖颈震颤，衰竭而死。剖检小肠肿胀、黏膜增厚或溃疡，出现针尖大灰白色密集出血点或坏死灶。严重时小肠内充满血液。

防治：在选用球虫药防治时，要结合清粪，补充维生素 A 和维生素 K_3，常能缩短病程。常用抗球虫药物有：马杜拉霉素（杜球、抗球王、加福）、地克珠利（伏球、茹球）、盐霉素（优精素）、莫能霉素、海南霉素（鸡球素）等。此外传统的抗球虫药也可使用，如青霉素、克球粉（氯吡醇、三氯二甲吡啶粉、可爱丹），青霉素可用于产蛋鸡，克球粉产蛋期禁用。

加强卫生和饲养管理，保持鸡舍透风、干燥，避免鸡群拥挤，及时更新垫料。改变饲养方式，由地面平养改为网上平养或笼养，避免雏鸡接触粪便。种鸡可试用球虫苗免疫。

二、鸡组织滴虫病

鸡组织滴虫病又称为盲肠肝炎、黑头病、传染性肝炎或单胞虫病，由组织滴虫引起的鸡与火鸡的一种急性传染性原虫病。主要感染育成鸡，经消化道感染。病鸡排出的粪便中含有多量携带原虫的异刺线虫卵，污染饲料、饮水及运动场地，被健康鸡啄食后感染。

该病无明显季节性，但以春、夏温暖潮湿季节多发，且鸡群拥挤，运动场不清洁也是该病诱因。

感染后 7~12 天出现临床症状，表现精神萎靡、食欲减退、羽毛松乱、翅下垂、嗜睡，下痢淡黄、淡绿，严重者血便，冠及肉髯呈现蓝紫色，故称"黑头病"。如不及时治疗，一周即可死亡。

剖检，一侧或两侧盲肠肿大，内充满干酪样栓子。断面呈现同心圆状，中心为黑红凝固血液。外层为灰白淡黄坏死物。肝有圆形 1 分币大或不规则形下凹的坏死灶，呈现黄色或淡绿色。

防治：发病鸡用甲硝达唑等药物混饲，连用 7 天可治愈。同时，要加强饲养管理、避免潮湿、拥挤、卫生不良等因素，定期驱除鸡体内的异刺线虫。

三、鸡住白细胞原虫病

由住白细胞原虫属的原虫寄生于鸡的红细胞和单核细胞而引起的一种以贫血为特征的寄生虫病，俗称白冠病。主要由卡氏和沙氏住白细胞原虫引起。其中，卡氏住白细胞原虫危害最严重。该病可引起雏鸡大批死亡，中鸡发育受阻，成鸡贫血。

该病各种年龄的鸡都可感染，3~6 周龄雏鸡发病死亡率高。随日龄增加，发病率和死亡率逐渐降低。雏鸡感染多呈急性经过，病鸡体温升高、精神沉郁、乏力、昏睡；食欲不振，甚至废绝；两肢轻瘫，行步困难，运动失调；口流黏液，排白绿色稀便。12~14 日龄的雏鸡因严重出血、咯血和呼吸困难而突然死亡，死亡率高。

中鸡和成鸡多消瘦、贫血，鸡冠和肉髯苍白。病鸡多下痢，排白色或绿色粪便；中鸡生长发育迟缓；后期个别鸡会出现瘫痪，死亡率为 5%~30%。

剖检病鸡可见皮下、肌肉，尤其胸肌和腿部肌肉有明显的点状或斑块状出血，各内脏器官也呈现广泛性出血。肝脾明显肿大，质脆易碎，血液稀薄、色淡；严重的，肺脏两侧都充满血液；肾周围有大片血液，甚至在部分或整个肾脏被血凝块覆盖。肠系膜、心肌、胸肌或肝、脾、胰等器官有住白细胞原虫裂殖体增殖形成的针尖大或粟粒大、与周围组织有明显界限的灰白色或红色小结节。

该病的发生与蠓和蚋的活动密切相关。蠓和蚋分别是卡氏和沙氏住白细胞原虫的传播媒介，因而该病多发生于库蠓和蚋大量出现的温暖季节，有明显的季节性。一般气温在 20℃ 以上时，蠓和蚋繁殖快，活动强，该病流行严重。我国南方地区多发于 4~10 月，北方多发生于 7~9 月。

防治：预防该病，控制蠓和蚋是最重要的一环。要抓好三点：一是要注意搞好鸡舍及周围环境卫生，清除鸡舍附近的杂草、水坑、畜禽粪便及污物，减少蠓、蚋滋生繁殖与藏匿；二是蠓和蚋繁殖季节，给鸡舍装配细眼纱窗，防止蠓、蚋进入；三是对鸡舍及周围环境，每隔 6~7 天，用 6%~7% 的马拉硫磷溶液或溴氰菊酯、戊酸氰醚酯等杀虫剂喷洒 1 次，以杀灭蠓、蚋等昆虫，切断传播途径。

病鸡应早期治疗。最好选用发病鸡场未使用过的药物，或同时使用两种有效药物，以避免有耐药性而影响治疗效果。可用磺胺间甲氧嘧啶钠按 50~100 毫克 / 千克饲料，并按说明用量配合维生素 K3 混合饮水，连用 3~5 天，间隔 3 天，药量减半后再连用 5~10 天即可。

附　录

附表　常用饲料营养成分表（%）

组分	粗蛋白	可消化蛋白	代谢能（千卡/千克）	粗脂肪	粗纤维	钙	有效磷
黄玉米	7.9	7.2	3 340	3.8	2.5	0.01	0.13
小麦	14.0	12.1	3 140	1.5	2.9	0.05	0.20
大麦	11.5	9.3	2 795	2.0	8.0	0.10	0.20
高粱	9.0	7.9	3 263	2.5	2.7	0.02	0.15
麦麸	15.8	11.7	1 540	4.8	12.0	0.10	0.65
细麦麸	15.1	14.3	2 870	4.2	3.6	0.07	0.30
米糠	13.0	7.7	1 900	1.7	12.0	0.06	0.90
糠	11.0	8.5	2 750	15.0	2.4	0.06	0.18
面包副产物	10.6	9.8	3 200	9.8	2.4	0.05	0.13
糖蜜	3.0	2.1	1 962	－	－	0.50	0.03
菜籽粕	37.5	34.0	2 000	1.8	11.9	0.66	0.47
豆粕（48%）	47.0	43.5	2 540	0.5	3.0	0.25	0.37
全脂大豆	37.5	33.4	3 880	20.0	2.0	0.15	0.28
玉米面筋粉	60.0	54.4	3 770	2.5	2.5	0.10	0.20
棉籽粕	41.0	33.2	2 350	0.5	14.0	0.15	0.48
花生粕	47.0	35.7	2 205	1.0	13.0	0.20	0.30
芝麻粕	44.0	30.6	1 984	5.0	5.0	0.20	0.75
向日葵粕	46.8	35.6	2 205	2.9	11.0	0.30	0.50
羽扇豆	34.5	29.8	3 000	6.3	16.0	0.20	0.20
亚麻仁粕	22.0	18.1	3 500	34.0	6.1	0.25	0.17
肉粉	50.0	45.0	2 500	6.0	2.5	8.00	4.00
鱼粉（60）	60.0	55.4	2 720	2.0	1.0	6.50	3.50
家禽副产物	60.0	52.5	2 950	8.0	2.0	3.50	2.10
羽毛粉	82.0	71.4	3 000	2.5	1.5	0.20	0.75

参考文献

[1] 王建国，等 . 生态养蛋鸡 [M]. 北京：中国农业出版社，2011.

[2] 黄炎坤，等 . 蛋鸡标准化生产技术 [M]. 北京：金盾出版社，2010.

[3] 李连任，等 . 如何提高中小型蛋鸡场养殖效益 [M]. 北京：化学工业出版社，2012.